惊叹百科

生物让人意外的超能力

CHAO NENG LI

〔日〕今泉忠明 / 监修
〔日〕川岛隆义 / 著
〔日〕小堀文彦 / 绘
王维幸 / 译

海天出版社
HAITIAN PUBLISHING HOUSE
·深圳·

让人意外

超能力，当听到这三个字的时候，你会联想到什么呢？

能在天空飞翔？还是有股子蛮力？

不对，不对，对生物来说，这些都是与生俱来的。

电击！夜视！装死！

抢劫！吸血！自带大豪宅！

发光！爆炸！寄生！

它们掌握着各种让人意外的能力。

超能力！

不过，有的时候，
这种能力会有点儿跑偏，
展现出令人失望的一面……

不禁令人想吐槽，
厉害是厉害，却总让人忍俊不禁。

在这里，
我们会将生物的超能力完全展示给您！
您一定会更加喜欢这些生物的！

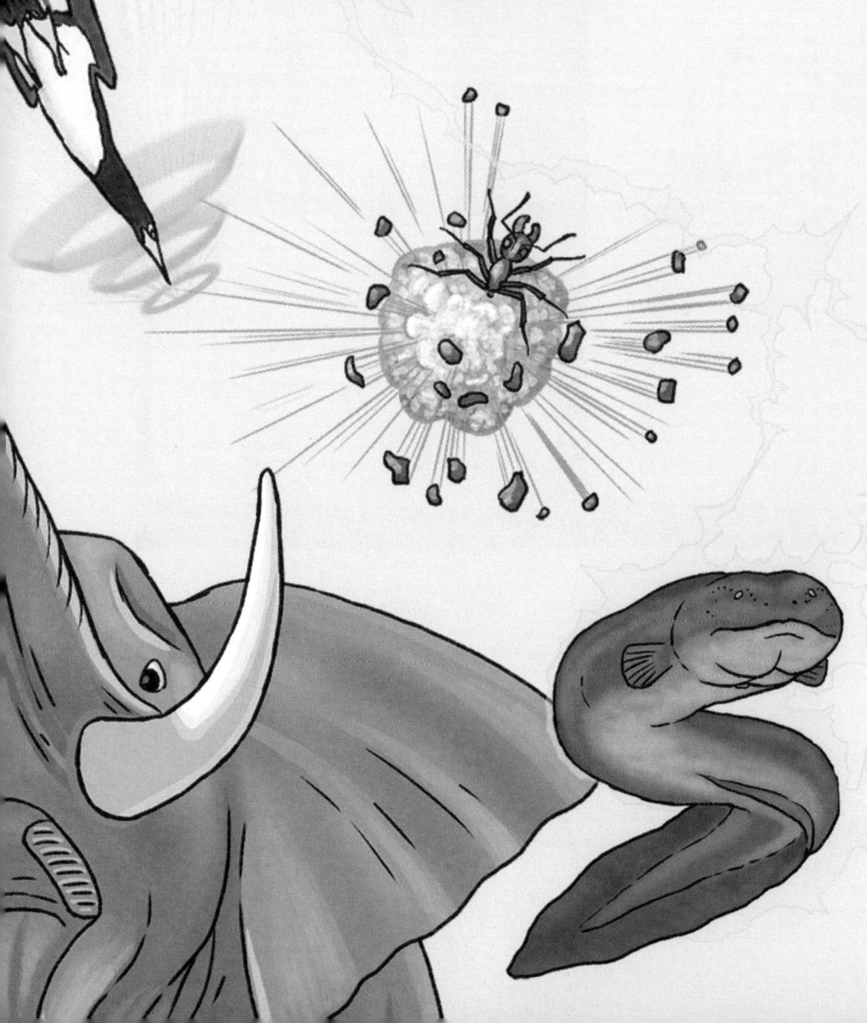

本书的使用方法

本书使用 1—2 页的篇幅来解说生物“让人惊叹且意外的超能力”。由于根据主题分成了 6 章，因此大家既可以一章一章地连着读，也可以只挑自己感兴趣的部分单独读哦！

●标题
多达 101 项的各种生物的“宣传标语”。

●生物名称
所介绍生物的名字与大分类群。

●超能力名称
字词的意思请用词典来查一查哦。

●生息地 · 生育地
记述生物的生活环境。若生活在各种环境中，则记述代表性地点。

中嘴地雀与尖嘴地雀分散生活在加拉帕戈斯群岛，它们原本是同一种鸟，可为了在各自的岛屿适应各自的食物和生活环境，它们就进化出不同嘴形。

其中的尖嘴地雀会吸食同一座岛上的一种大型鸟类——褐鲣（jiān）鸟的鲜血。作案时，一只尖嘴地雀会去啄褐鲣鸟以吸引其注意力，另一只则用进化得十分细长的尖嘴从另一边啄伤褐鲣鸟并吸血，这简直就是一种高智商犯罪。就算尖嘴地雀的吸食量很少，可褐鲣鸟雪白的羽毛上也会因此染上鲜血，场面显得十分恐怖。

中嘴地雀别名达尔文雀。人们都说，就是在这种鸟的启发下达尔文才提出进化论。可是，据说事实上达尔文并未怎么注意过这种鸟。

50 ★分类：雀形目裸鼻雀科 ★大小：13 厘米 ★分布：加拉帕戈斯群岛

鳄龟近 1 米长的身体凹凸坚硬，嘴巴尖利，咬合力大到 300~500 公斤，贝类、小龙虾，甚至其他乌龟都能被它咬碎。

鳄龟可怕的口中有一条鲜艳的粉色细舌。猎物一旦被这舌头吸引就完了，因为这是鳄龟的诱饵。鳄龟会让这小舌头在水中摇来摇去，引诱小鱼等猎物靠近，然后一口吞掉。尽管这种小伎俩并不高明，可却很管用。鳄龟脖子周围的刺是一种流体传感器，能感知水流，探知猎物的存在。

近年来，鳄龟开始出现在城市地区的水池等处。作为一种外来生物，鳄龟常被人视为坏东西。不过，据说在其原产地，鳄龟却因被食用和当宠物等用途，数量正急剧减少。这对鳄龟来说可真是件麻烦事。

★大小：甲长 40~80 厘米 ★分布：北美洲 51

★ 分类
生物的分类。

★ 大小
哺乳类为体长，其他生物基本为全长。其余则注明测量方法。

★ 分布
能见到该生物的地域。

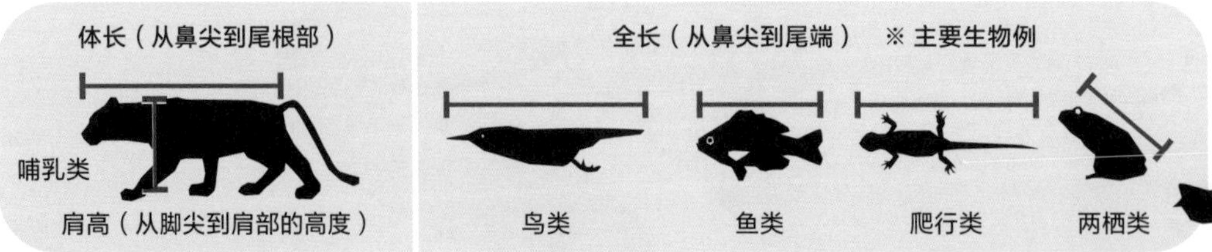

第一章 让人惊叹的身体……1

第二章　让人惊叹的武器……33

第三章

让人惊叹的防护具·让人惊叹的忍耐力……61

第四章　让人惊叹的求婚·让人惊叹的房子……85

第五章

让人惊叹的育儿·让人惊叹的成长……103

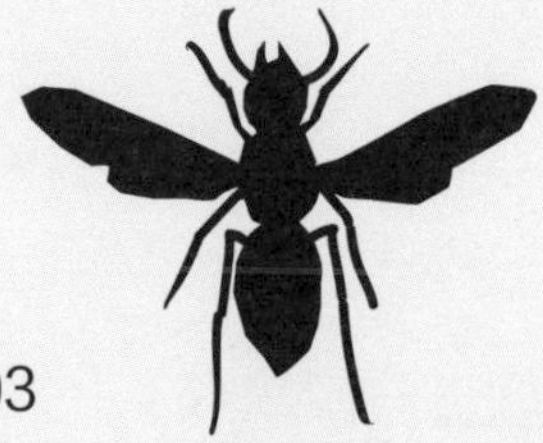

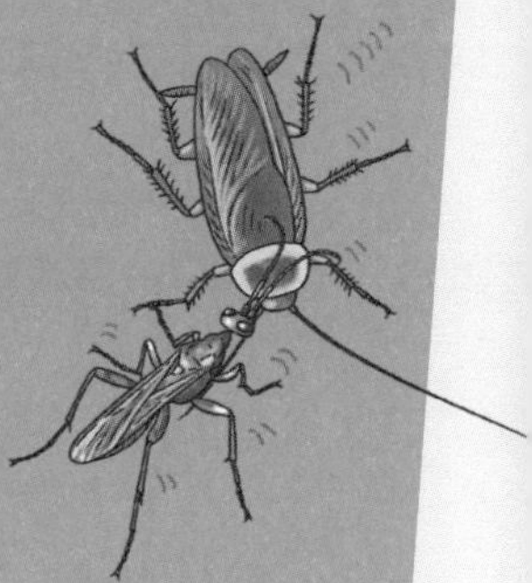

第六章

让人惊叹的生活方式……123

第一章

让人惊叹的身体

进化的身体

大家知道耳廓狐这种动物吗？它是一种生活在北非沙漠里的小型狐狸，体长 40 厘米左右，一对大耳朵格外醒目。这种耳朵适应气候炎热的沙漠环境，具有散热功能，因而能让身体的热量迅速散发掉，就像汽车的水箱一样。耳廓狐听觉灵敏，能迅速发现老鼠等在沙漠中活动的猎物的动静。

耳廓狐的确拥有一副与沙漠相适应的身体，不过，其他生物也同样获得了与生活环境相适应的身体结构。那么，生物们是如何改造自己的身体的呢？就算是气候变热了，它们也无法瞬间就能长出一副长耳朵来吧。

生物们的后代并非总是带着一成不变的特征出生，它们出生时都会略

通过大耳朵散热的耳廓狐

微带着一点不同。当环境改变时，它们体内那些适合环境的特征就会保留下来，传给子孙后代。这种现象称之为“适应”，是“进化”的一个很大方面。耳廓狐也不例外，它们起初只是长出一对略微大一点的耳朵，而随着大耳朵在沙漠环境中发挥的作用越来越大，这一特征就被子孙后代不断继承下去，最终才变成了今天的样子。相反，生活在北极圈的北极狐的耳朵则非常小。

耳廓狐是最小的犬科动物。其实这也是对炎热的一种适应。由于体形大会储存热量，因此在北方严寒地区体形越大越有利，而在南方炎热地区则是体形越小越有好处。北极熊、棕熊体形大，马来熊、懒熊体形小便是例证。

生物们怎么会变成现在这样的形态呢？当我们思考原因时就会窥到进化的冰山一角，十分有趣。

为保持体温，北极狐不仅耳朵小，鼻尖都很短

会散步的鼻子

南美貘　哺乳类

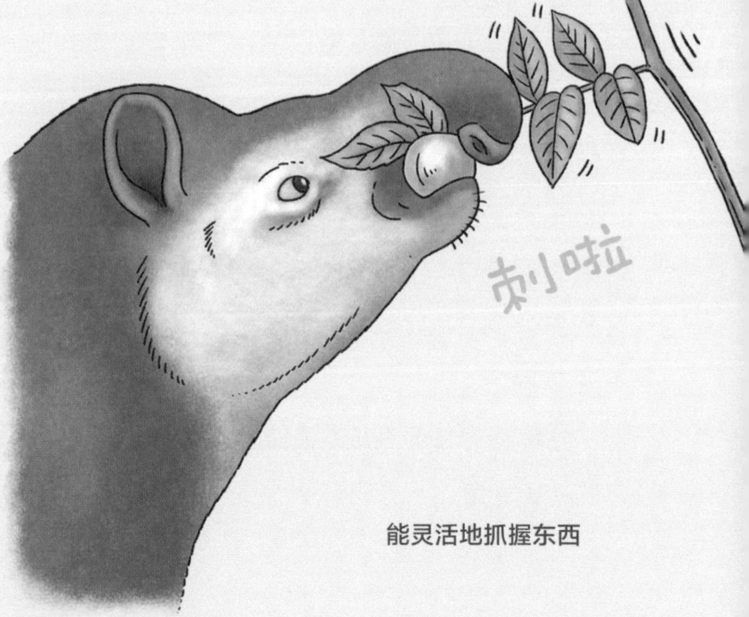

能灵活地抓握东西

粗短的身体上有个大鼻子，这是貘(mò)的主要特征。貘的鼻子与上唇连为一体，伸缩自由，十分灵活，既可抓握，也能拉拽摘食叶子和果实，还能够触摸东西。

南美貘的巢穴在森林的河流或湖泊附近。这也说明南美貘擅长游泳，即使在水里也能施展它的长鼻子。在水中时，南美貘能把鼻尖露出水面，像潜水管一样帮助呼吸，潜水时间可长达 5 分钟。有时南美貘还会在水中吃水草。

南美貘尽管体形硕大，却没有角或强有力的爪子等护身武器。因此对南美貘来说，水边才是它的安全地带。一旦有美洲狮或美洲豹等肉食动物出现，它就会立刻逃进水里。

★ 分类：奇蹄目貘科　★ 大小：2 米　★ 分布：南美洲

夜行性的南美貘白天躲在森林的树丛里，晚上才来到水边。走路时，南美貘会沿路大便。被它吃掉的植物种子会随着粪便散播开来，这无疑为森林植物起到了播种作用。

南美貘在水中也会大便。人类在游泳池大便绝对是件丢人的事儿，可对野生动物来说，排便时是极易受到敌人攻击的，这是一个生死攸关的问题。而如果在水中排便，安全性自然就一下提高了。

现在，虽说貘在美洲大陆有 3 个种类，在亚洲有 1 个种类，可无论哪一种都为濒危物种。真是令人担心呢！

在黑暗中发光的眼睛

菲律宾眼镜猴

哺乳类

转头观察周围的菲律宾眼镜猴

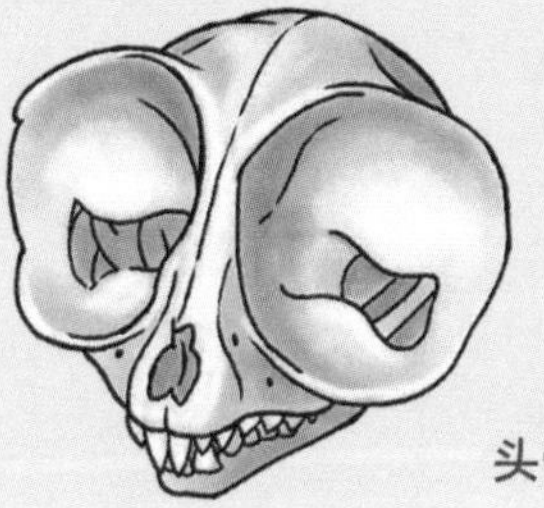

头骨一半以上为眼窝部分！

菲律宾眼镜猴是大眼眼镜猴的同类，体重只有 100 克左右，光是两个眼球就有 6 克。另外，脑重 3 克，相当于一个眼球的重量。头骨几乎全被容纳眼球的眼窝占满。菲律宾眼镜猴属夜行性动物，由于眼大，即使在昏暗的夜间森林也能吸收大量的光，让视力增强。而白天由于光线太亮，反倒影响视力。

不过，这对大眼睛也有不便之处：由于太大，几乎无法转动。不过，它的头却能转到正后方，有如电影《驱魔人》中的恐怖场面一样。

菲律宾眼镜猴跳跃能力强，最远可跳 3 米。发现食物——昆虫时，它能迅速从一棵树跳到另一棵树去捕捉，动作一气呵成。菲律宾眼镜猴能在黑暗中成功实现远距离发现并捕食猎物，完全就是凭借这对大眼睛。

★ 分类：灵长目眼镜猴科 ★ 大小：12~14 厘米 ★ 分布：菲律宾

会飞天的肋骨

苏门答腊飞蜥

爬行类

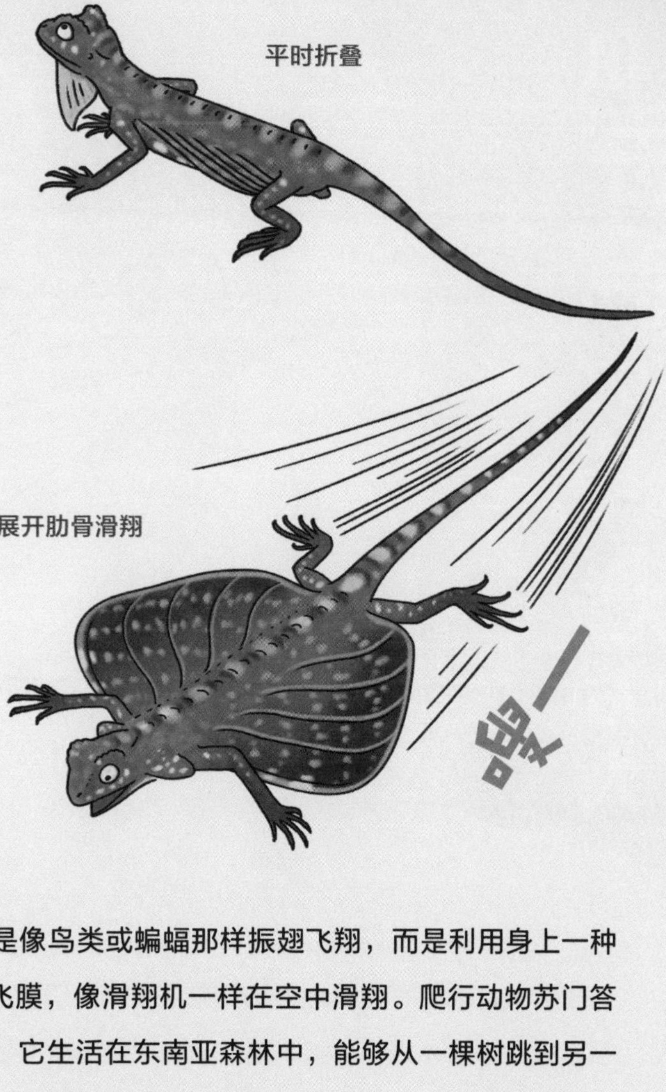

有些动物，它们不是像鸟类或蝙蝠那样振翅飞翔，而是利用身上一种能够利用空气的膜——飞膜，像滑翔机一样在空中滑翔。爬行动物苏门答腊飞蜥便是其中的一种，它生活在东南亚森林中，能够从一棵树跳到另一棵树，也能在空中飞。

它的飞膜不像哺乳类的鼯鼠那样连在前后脚之间，而是由肋骨直接延长形成的飞翼。脖颈后面也有一对由皮肤略微延伸形成的“副翼”。苏门答腊飞蜥会在逃离天敌捕食或是寻找蚂蚁吃的时候飞行。一般苏门答腊飞蜥的飞行距离可达 5~10 米，个别种类能飞 18 米左右。不过，肋骨原是保护内脏的一个重要屏障，但飞行过程中一旦撞上东西，肯定会很危险吧。

★ **分类**：有鳞目鬣蜥科 ★ **大小**：15~20 厘米 ★ **分布**：苏门答腊岛等

狙击手的电光石火

豹变色龙 爬行类

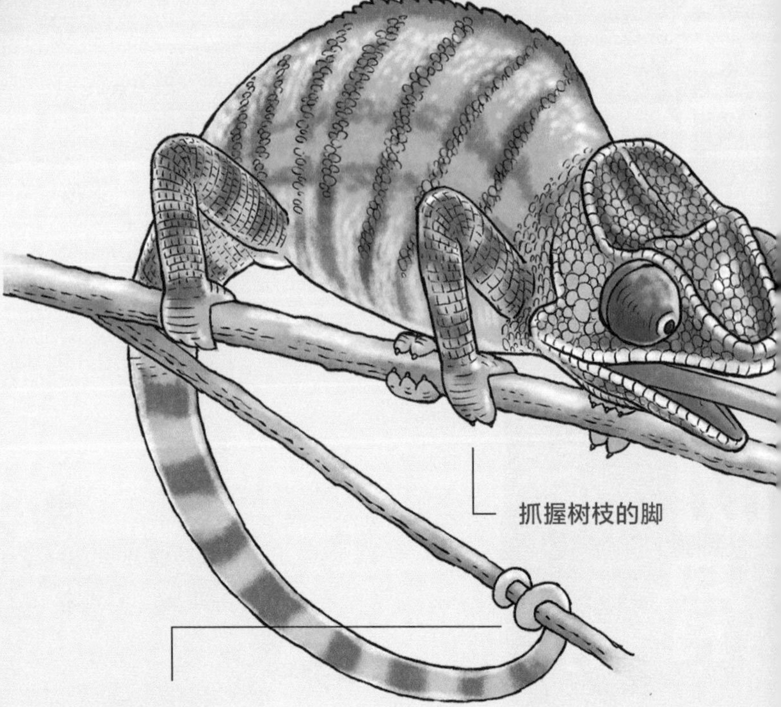

适应树上生活的各种能力

变色龙是避役的别称。

豹变色龙似乎是超能力的化身。首先是适宜在树上生活的身体：连指手套般的脚容易纵握树枝；尾巴能自由活动，有时还能缠在树枝上支撑身体。它还会灵活使用脚和尾巴，从一根树枝移动到另一根树枝。

其次是不断变化的体色：既能变成保护色，也能表达感情。豹变色龙的体色实际上并非色素，而是细胞中的结晶所反射的颜色。

另外，它还有一对突起的眼睛，几乎能 180 度旋转，因此可以 360 度全方位观察周围环境。而且，它的眼睛还能各自左右转动，能同时观察前后，不留死角。

★ **分类**：有鳞目避役科 ★ **大小**：22~45 厘米 ★ **分布**：马达加斯加岛

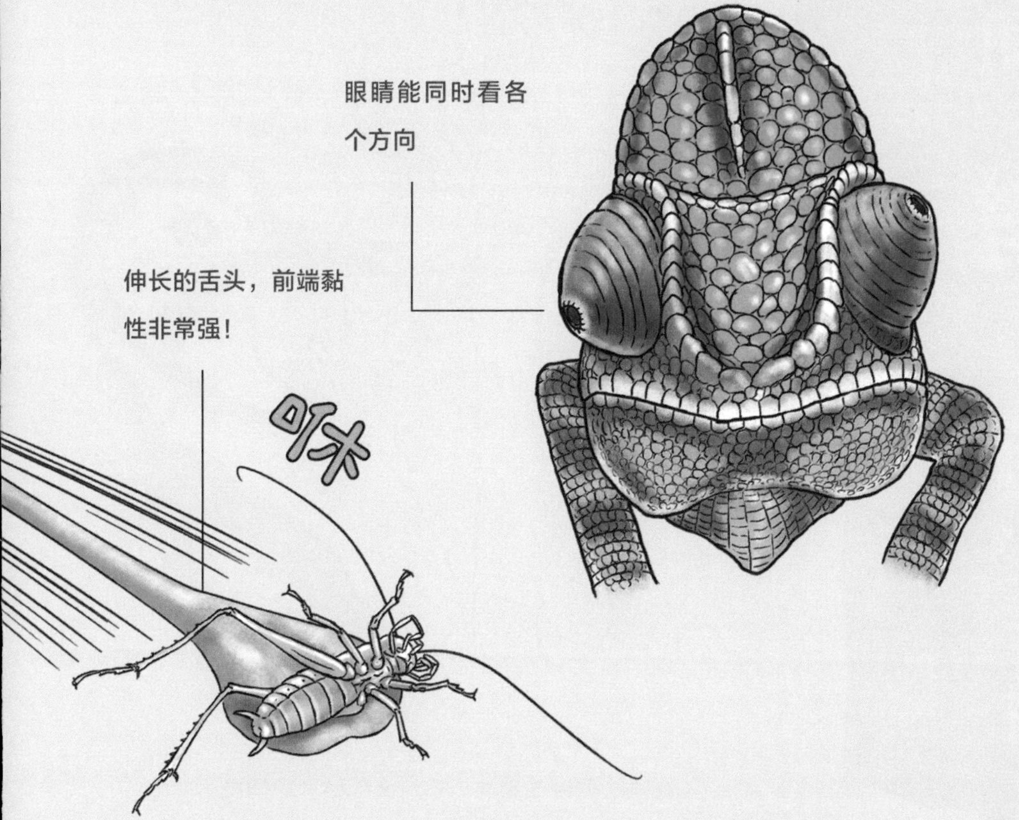
眼睛能同时看各个方向
伸长的舌头，前端黏性非常强！
咻

无论是来自任何方向的觊觎豹变色龙的天敌还是豹变色龙自己要捕猎的昆虫，都逃不出它的视野范围。一旦发现猎物，豹变色龙会立刻用两眼同时去看，形成立体视觉，准确锁定距离。

至于捕猎工具，则是平时像手风琴一样收起来的比身体还长的舌头。豹变色龙弹舌动作的峰值加速度是重力加速度的264倍。舌的前端有黏液，几乎一击必中。

不过，由于豹变色龙身体进化得对动态事物过于敏感，对静态事物反倒辨别迟钝，连水也只能识别动态的，只能喝下落的雨滴或是水滴，因此当干渴的时候就十分不便了。

朝着树里面，打！

大斑啄木鸟

鸟类

啄木时的冲击很大，不过头部结构却能减缓冲击力！

啄木鸟，鸟如其名，的确会啄木头。啄木鸟会啄木头的理由五花八门，有时是为捕食昆虫，有时是为宣示领地，有时则是为了筑巢，等等。

大斑啄木鸟最喜欢的食物是在枯树干里挖洞筑巢的天牛幼虫。它捕食时先是砰砰砰地从外侧敲打树干，找到虫子所在的地方后就开一个洞，然后慢慢将舌头伸进虫洞里。大斑啄木鸟的舌头很长，并且总是从额头前面绕过后脑勺后再伸出来。舌的前端有刺，能巧妙钩取洞穴中的幼虫。

这还不算什么，大斑啄木鸟的绝活更体现在其打入昆虫巢穴时的“啄木”技巧上。毕竟是敲击坚硬的树干，对力度和频率的考验都很大。大斑

★ 分类：鴷形目啄木鸟科 ★ 大小：24 厘米 ★ 分布：广泛分布在北半球

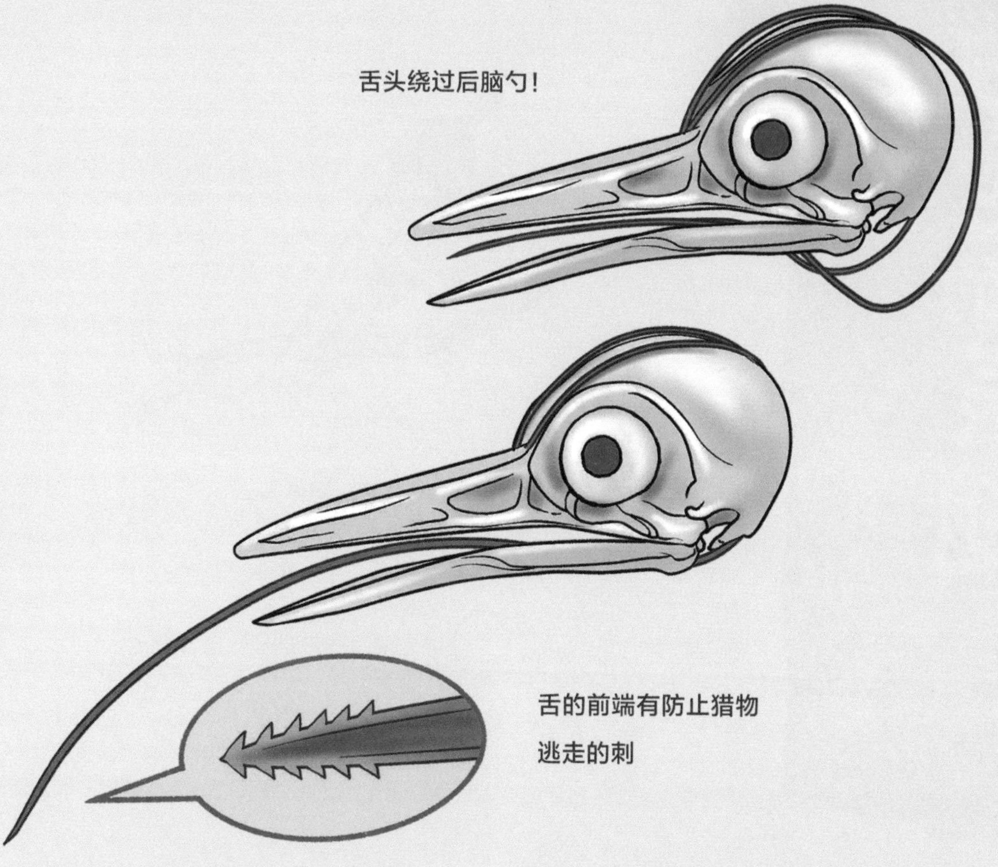
舌头绕过后脑勺！
舌的前端有防止猎物逃走的刺

啄木鸟会用凿子般的喙以每秒 20 次的频率敲打树干。尽管头部所承受的力度可达其重力的 1000 倍，甚至 1200 倍，不过大斑啄木鸟的头盖骨却是易吸收冲击的海绵状，并且舌头绕过后脑勺的结构也会起到一定的缓冲作用。在这儿告诉大家一个小秘密：这种结构是不是也可以说明，大斑啄木鸟的脑子很笨呢？

“我是不是很帅？”雄鸟为吸引雌鸟而进行的啄木行为被称为“击鼓”。由于又大又响的“击鼓”才受欢迎，因此啄木鸟连枯树、窗户的防雨窗套、信箱都会啄，会给人们带来一定的困扰。

无穷的振翅

吸蜜蜂鸟

鸟类

吸蜜蜂鸟（与实物等大）

吸蜜蜂鸟的卵（与实物等大）

世界上最小的鸟是蜂鸟，而蜂鸟中最小的则是吸蜜蜂鸟。它全长约 6 厘米，体重只有 2 克。虽说小是蜂鸟的魅力之一，不过它更惊人的地方则是飞行。蜂鸟能在飞行的同时处于静止状态——“悬停”。

有一些鸟类，比如翠鸟和茶隼(sǔn)之类，也能短暂悬停。不过，能够长时间、高速度、进退自如，在悬停的同时还能任意飞行的鸟类，恐怕就只有蜂鸟了。

要实现这种特殊的悬停，蜂鸟的振翅频率必须达到每秒 50 次以上，最高可达每秒 80 次。仅靠振翅频率还不够，振翅时还要画“8”字形。

此时的振翅声嗡嗡直响，就像蜂的声音一样，蜂鸟因此得名。

★ **分类**：雨燕目蜂鸟科 ★ **大小**：约 6 厘米 ★ **分布**：古巴

飞行时，振翅的样子像画“8”字一样。往上摇翅和往下摇翅时，都能产生让身体上浮的“升力”的动物，难道就只有昆虫与蜂鸟？!

蜂鸟的主食是花蜜。蜂鸟要实现悬停，必须让占体重 30% 的胸部肌肉满负荷运转。当然，能量消耗也非常大。因此它必须吸够相当于自身体重 1.5 倍的花蜜才行，不进食就会死掉。在缺少食物的冬季夜里，蜂鸟会将身体机能抑制到最小限度，平时 42℃的体温有时甚至会直降到 9℃，仿佛每天都在冬眠一样。

尽管蜂鸟将飞行进化到了极致，却几乎不会行走。想自由飞行，就得舍弃很多东西。

超探知

无声的恐怖

仓鸮

鸟类

仓鸮的头骨。左右耳的位置是上下错开的

鸮(xiāo)也称“猫头鹰”，是夜间生活的鸟类，是黑夜世界中处于食物链顶端的一种肉食动物。鸮两眼朝前，能立体看东西，连与猎物间的距离都能分辨，因此很容易捕捉猎物。尽管无法侧视，但鸮有一个能一下扭到后面的脖子。鸮的眼睛的网膜结构容易聚光，即使在黑夜里也有很强的视力。

鸮寻找猎物不单靠眼睛。它首先会借助声音来探查动静。它的平脸常被称为“脸盘”，呈抛物面天线形状。这种形状连猎物发出的细微声响都能毫无遗漏地收集到。尤其是仓鸮，左右耳的位置还上下错开，连听到的声音都是立体的。

★ 分类：鸮形目草鸮科 ★ 大小：34 厘米

一张扁平的白脸在黑夜里悄
无声息地飞过来
弗拉特伍兹怪物

仓鸮在树上不断扭着头，探查猎物的声音。无声起飞、无声冲向猎物是仓鸮的一大特征。仓鸮的翅膀羽边柔软，飞行时不会发出声音，猎物常常还未察觉就已经被捕捉到。由于仓鸮会凶残地袭击活动的东西，因此，据说甚至有人在夜里被仓鸮突然抓到头而吓一跳呢。

据说，仓鸮经常被错看成曾在 20 世纪 50 年代轰动美国的宇宙人——弗拉特伍兹怪物。的确，倘若真有这么一个平脸盘上长着一对大黑眼的动物悄无声息地出现在你面前，就算被误认为是宇宙人，那又有什么奇怪的呢？

★ **分布**：广泛分布在除东亚以外的世界各地

潜入长花

刀嘴蜂鸟

鸟类

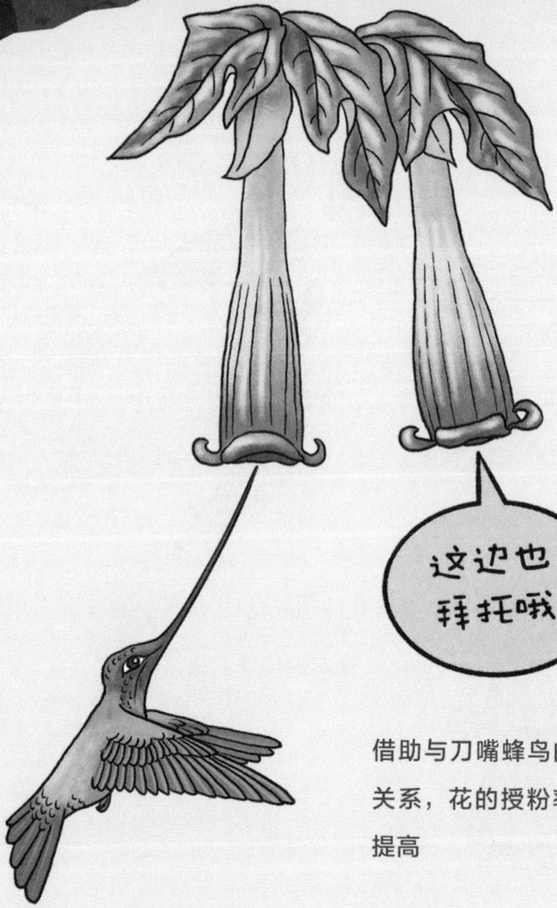

借助与刀嘴蜂鸟的专属关系，花的授粉率大大提高

刀嘴蜂鸟全长 20 厘米，作为蜂鸟来说已经算是大型的了，可是，你若知道其中的 8 厘米都属于喙的时候，一定会感到吃惊吧。有些花朵形状像大喇叭，花蜜是很难够得着的——连这种长花的花蜜都能吸到的恐怕就只有刀嘴蜂鸟了。

其他鸟是无法吸取花冠这么长的花的花蜜的，因此只能由刀嘴蜂鸟任意独享。不过对植物来说，由一种鸟独自授粉绝对是一件好事。刀嘴蜂鸟不会移情别恋其他的花，这样能确保授粉成功率。

但是，刀嘴蜂鸟过长的喙却无法整理羽毛。于是，长腿便按需要而进化，现在，刀嘴蜂鸟的腿已经可以够到全身任何地方。辛苦你了，刀嘴蜂鸟！

★ **分类**：雨燕目蜂鸟科 ★ **大小**：20 厘米 ★ **分布**：南美洲北部

极北的活体空调

驯鹿

哺乳类

在鹿中，雌雄都长着角的只有驯鹿！

驯鹿在气温可低至 -40℃的寒冷的北极圈内都能生活。在北极圈，光是喘口气都会被夺走一些热量，倘若吸入肺里的空气太冷，甚至还会有生命危险。不过，驯鹿本身有一套特殊的身体结构，可通过鼻血温暖空气，让进入肺的空气保持在 38℃，使吸入前后的空气温差超过 70℃。也就是说，在红鼻子圣诞驯鹿的鼻子上，这个强力加热器功能是十分完善的。

另外，为防止水分流失，驯鹿的鼻子甚至具备了一种除湿器般的功能，能用鼻黏膜吸收呼出的气体中所含的水分。

由于抗寒力强，驯鹿被用来拉雪橇，在北极圈内还会被人用作毛皮和食物的来源，真的是好可怜哦。

★ 分类：偶蹄目鹿科 ★ 大小：1.2~2.2 米 ★ 分布：北极圈

血流SOS

长颈鹿

哺乳类

猛抬头时也不会出现贫血的情况

如果脑部没了血液循环，动物就会死去。而拥有长脖子的长颈鹿，心脏到脑的距离约 2 米，它本身就拥有一种为脑部供血的功能，即血压。据说，它的心脏是用高血压将血液挤出的，血压值能达到人类血压值的 2 倍以上。

长颈鹿血压如此高，那么低头饮水时，血液就会一下子全压到脑部，这样会不会造成血管破裂呢？不用担心，没事的。由于长颈鹿的后头部拥有一处“血液避难所”，人称“网达”（Wonder Net），所以长颈鹿是根本不在乎这些的。因此——不，也许并非因为这个缘故——雄性长颈鹿争斗的时候，会经常像甩鞭子一样，用长脖子来抽打对方。就算是对血压变化的适应力超强，这样也有点太胡来了吧。

★ 分类：偶蹄目长颈鹿科　大小：最大 5.9 米　★ 分布：非洲

远方的同伴，请回答！

非洲草原象

哺乳类

跟远处的象群也能交流

非洲草原象支撑庞大身体的腿十分粗壮。因此，你或许会以为，大象的脚底一定坚硬无比，而且还硬邦邦的吧？可令人意外的是，大象的脚底十分柔软且超级敏感，甚至还能以声音的形式通过骨骼感知地面的震动。

据说，大象能用脚识别数公里以外的其他象群，或者用跺脚的方式与同伴交流，甚至还能用脚感知天气的变化。对大象来说，腿和脚是非常重要的，哪怕只有一条腿受伤无法站立，它的内脏也会因持续受压而衰弱的。

大象巨大的耳朵和长鼻子也很敏感。大象还拥有语言，对家人十分关心，这一点也广为人知。大象重达 5 公斤的脑上有许多褶皱，能够处理许多信息。

★ 分类：长鼻目象科　大小：肩高 3~4 米　★ 分布：非洲

跳跃的代价

红袋鼠

哺乳类

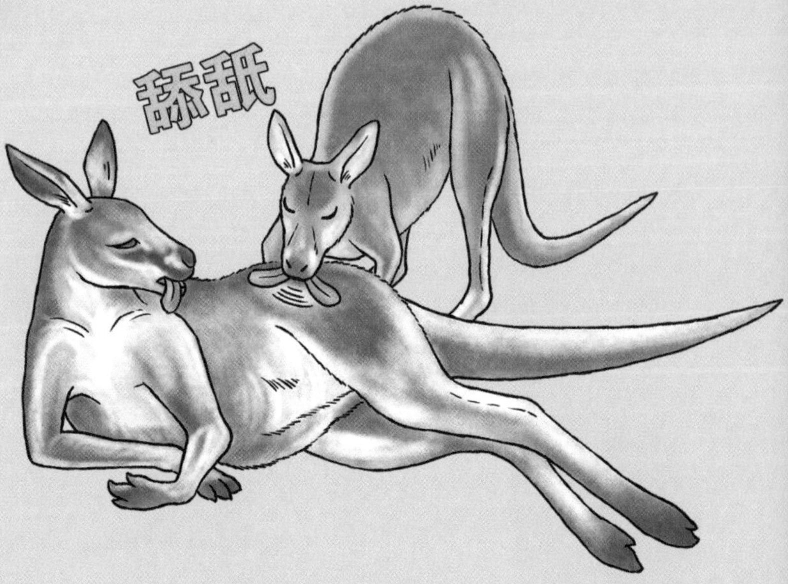

红袋鼠之间会经常互相舔舐(shì)对方身体。有研究认为，这样可以用唾液气化来降温

红袋鼠利用粗长的后腿和粗壮的尾巴，在澳大利亚的平原上跳跃移动，最快移动速度可达 70 千米 / 小时，即使在哺乳动物中也位居前列，一次跳跃就能达到 8 米。

事实上，红袋鼠的这种跳跃是最省劲的，基本上不大消耗能量。它长长的跟腱可以像弹簧一样弹跳，尾巴还能起辅助作用，基本上不大使用腿部肌肉。因此红袋鼠可以轻松地进行长距离移动。可遗憾的是，它却不能往后移动。不过，由于天敌并不多，即使这样也基本没问题。

红袋鼠尽管运动能力发达，可汗腺却不发达，因此天气炎热的时候它只能趴在地上偷懒。这种情形我们在动物园里也能看到，俨然一副老头子的做派。

★ 分类：双门齿目袋鼠科 ★ 大小：75~140 厘米 ★ 分布：澳大利亚

利用雾气供水的妙招

沐雾甲虫 昆虫

好不容易收集到水，可是……

几乎不降雨的非洲纳米布沙漠是陆地上最干燥的地方之一。不过，即使在这样的沙漠中，仍生活着一些动物。

沐雾甲虫会爬到沙丘上，把屁股向上翘起来，让后背朝上风口而立。据说它的体表有微小突起，容易让空气中的水分结露。大西洋湿润的空气会变成雾来到纳米布沙漠，这些雾气会在沐雾甲虫体表结成露水，凝结的水滴会通过细微的沟槽流进沐雾甲虫嘴里。

受此启发，人类发明了可从水蒸气中收集水分的材料。不过，关注沐雾甲虫的可远不只是人类，纳米布沙漠的动物们也会通过捕食沐雾甲虫来补充水分。

★ **分类**：鞘翅目拟步甲科　**大小**：13~22 毫米　★ **分布**：纳米布沙漠

7 超安定

赤裸的地下帝国

裸鼹鼠

哺乳类

乍一看似乎没在工作，不过，工鼠的分工还是十分明确的，有负责食物运输的，有负责防卫的，还有专为王后保暖的，繁殖任务则只由王后独自承担

人们经常形容裸鼹(yǎn)鼠“丑得可爱”，而且，这太过直白的名字听着也够可怜。裸鼹鼠是哺乳类动物中罕见的社会性动物，鼠群由王后和工鼠构成。

裸鼹鼠在温度、湿度等环境变化很小的地下筑巢，巢穴由数个小室构成。它们以植物的茎和根为食，没有天敌，不会进行剧烈运动，因此丧失了体温调节功能。与它们体形相似的鼠类寿命几乎都在 2 年左右，而裸鼹鼠却衰老得很慢，能活近 30 年。

尽管适应环境变化的能力差，但是，裸鼹鼠可以通过降低代谢来忍耐。有研究表明，裸鼹鼠能在氧浓度 5% 的环境中存活 5 小时，在无氧状态下也能活 18 分钟。由于体内很少发现癌细胞，因此，裸鼹鼠已成为医学研究的实验动物。

★ 分类：啮齿目滨鼠科 大小：8~9 厘米 ★ 分布：埃塞俄比亚、肯尼亚等

黑暗中的地狱耳

马铁菊头蝠

哺乳类

在发现猎物之前发射长超声波，当猎物接近时则发射短超声波，以测量更精确的位置

多数蝙蝠都是夜行性动物，可以在空中边飞边捕食昆虫。它们即使在栖息的洞中也能自由飞行而不相撞。

你知道为什么马铁菊头蝠在黑暗中也能任意地飞行吗？没错，就是因为超声波。马铁菊头蝠能够从喉咙深处的声带中发出一种超声波，通过辨别反射的声音来识别猎物或障碍物的位置，这叫“回声定位”。

不只是与猎物间的距离，甚至连猎物移动的速度和大小等信息它都能从声音中获得。因为飞行需要很多能量，马铁菊头蝠喜欢在猎物——蛾子较多的夜里活动。不过，据说也有一些蛾子在感知马铁菊头蝠的超声波后，会突然停止拍打翅膀，以瞬间坠落的方式来逃走。因此，就算马铁菊头蝠再厉害，一旦猎物反射回来的声音突然发生变化，也会迷失目标的。

★ 分类：翼手目菊头蝠科　★ 大小：6.3~8.2 厘米　★ 分布：日本

窗玻璃上的散步者

多疣壁虎　爬行类

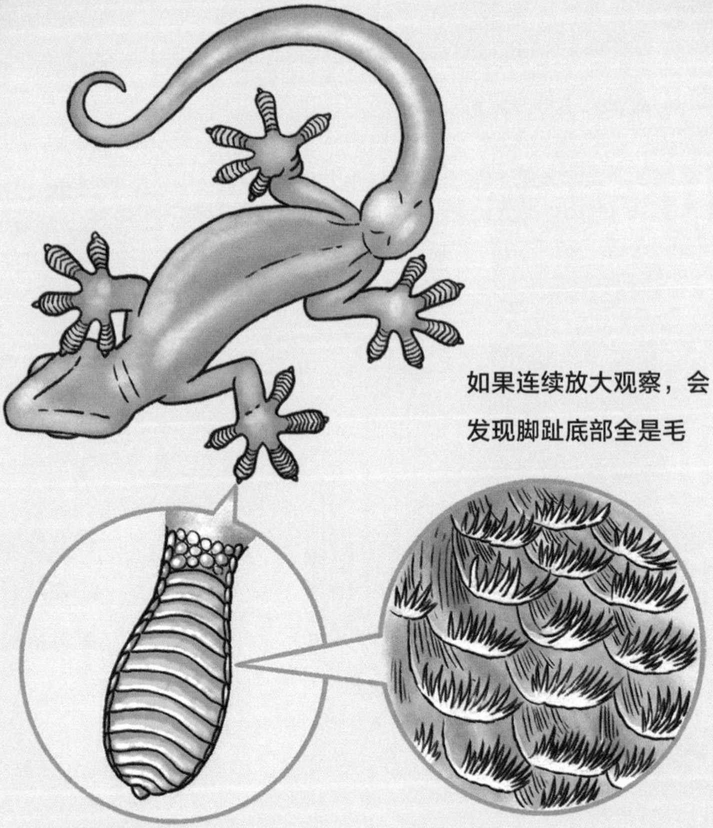

如果连续放大观察，会发现脚趾底部全是毛

当我们无意间望向窗户的时候，有时就会发现窗户上映着什么东西的影子，说不定这就是壁虎呢。

除非用我们在反谍片中所见的那种吸盘般的工具，否则人类几乎不可能在光滑的玻璃面上垂直攀登。既然这样，难道壁虎的脚上会有吸盘？不，不可能有。

壁虎的脚底排列着一种叫趾下薄板的鳞片。如果用电子显微镜观察，你会发现那儿密密麻麻的全是细毛，这些毛的尖端又进一步分叉为更细的枝毛。通过分子间作用力，这种绒毛能与墙壁面微小的凹凸紧紧地黏在一起。

★ **分类**：蜥蜴目壁虎科　★ **大小**：10~14 厘米　★ **分布**：日本、中国等

超过滤

在死湖上生活

小红鹳

鸟类

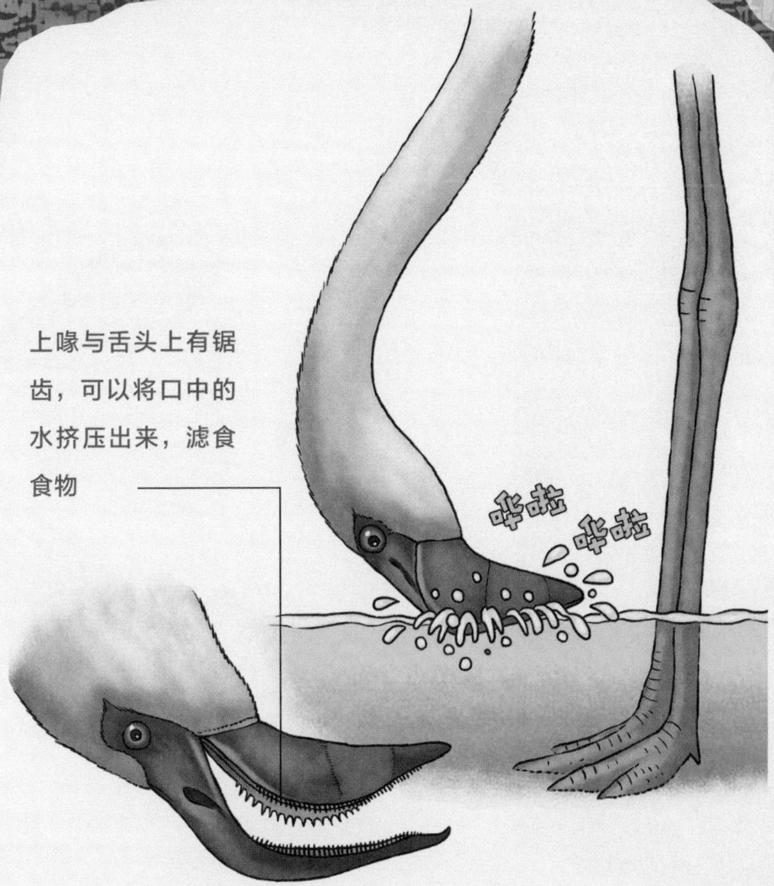
上喙与舌头上有锯齿，可以将口中的水挤压出来，滤食食物
哗啦
哗啦

非洲坦桑尼亚的纳特龙湖水温 40℃，属强碱性水质，类似氨水，散发着刺鼻气味，简直就是一个死湖。小红鹳(guàn)的同类就生活在这样的湖里。现在，纳特龙湖也迎来了小红鹳。

死湖的湖水无法饮用，没有天敌接近，是很安全的地方。而且，湖中也只有喜欢该环境的微生物和蓝藻。这些是小红鹳的主食。进食时，它们会低下头，把上喙贴到湖面上，用舌头挤出水，过滤掉对身体有害的水，只滤食剩下的蓝藻。

其实，小红鹳靓丽的体色也是这种蓝藻的颜色。如果不进食，小红鹳就会褪色。据说，白色雄小红鹳是不受雌性欢迎的，因此，它们必须多吃才行。

★ **分类**：红鹳目红鹳科 ★ **大小**：80~110 厘米 ★ **分布**：非洲、亚洲

超感电

怪异·人造生物？？

鸭嘴兽

哺乳类

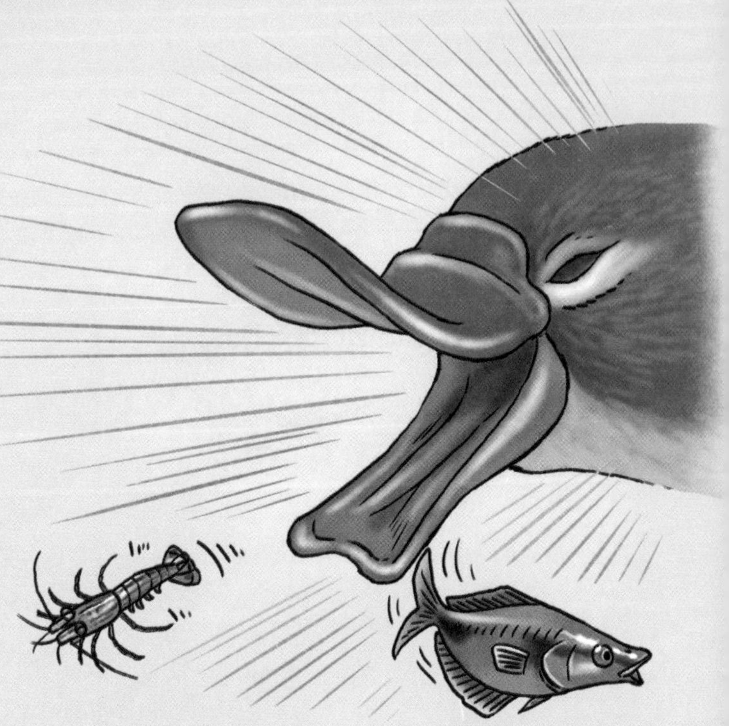

小鱼小虾等小动物都吃。由于眼睛视力差，遇到什么吃什么

鸭嘴兽是只生活在澳大利亚的哺乳类动物，属于哺乳类动物仍处于原始阶段的“单孔类”。鸭嘴兽身为哺乳类却会产卵，身为哺乳类却长着鸟喙，脚还像水鸟一样长着脚蹼，看起来十分怪异。

哺乳类动物在进化过程中获得了让后代在母体腹中发育的场所——子宫，而在此之前，则是跟爬行类一样产卵繁殖的。因此，鸭嘴兽是残留着产卵这种古老特征且一直活到现在的哺乳类“活化石”。

不过，鸭嘴兽会充分利用这不可思议的身体，在脚蹼和扁平尾巴的帮助下在水中自由活动。让鸭嘴兽得名的像鸭嘴一样的嘴巴，是一种强有力的传感器，里面布满了神经，能感知鱼虾等猎物发出的弱电。

★ 分类：单孔目鸭嘴兽科　☆ 大小：30~45 厘米

后脚上有产生毒素的毒腺

雄性鸭嘴兽还具有哺乳类动物中罕见的毒性。其后脚小趾上所发出的毒是一种出血毒，可阻止血液凝固，能致小动物死亡。在繁殖期，该毒素会大量产生，因此，雄性们在争夺雌性或宣示领地的时候会不会使用这种毒呢？具体情况仍不得而知。

若是现在，大家肯定都想见见这种动物吧。不过，据说在 1798 年，当鸭嘴兽标本首次在英国公开的时候，却闹出了差错。由于其模样太过离奇，以致学者们都认为是冒牌货，根本就不相信它的存在。人们一定是误将其当成了人鱼的干尸之类的东西吧。

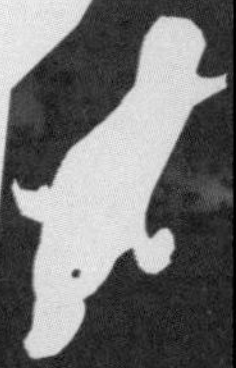

★ 分布：澳大利亚东部

超再生

不死的宝宝

墨西哥钝口螈

两栖类

墨西哥钝口螈曾经被人们当作食物，现在由于栖息地污染，以及被引入的鱼类捕食等原因，已濒临灭绝。一直处于被人类饲养的境地

墨西哥钝口螈（yuán）是蝾螈的同类，具有长在体外的外腮。一般来说，蝾螈到成年后腮会消失，可墨西哥钝口螈成年后仍保持着幼体时的样子。

墨西哥钝口螈的惊人之处是它超强的再生能力。它的腿、尾巴，甚至脑子、心脏，以及部分下颌，都能在丧失数月后完全再生。甚至连神经细胞都能再造，让麻痹的肢体重新活动起来。因此墨西哥钝口螈被用作再生医疗的实验动物。

不过，一旦缺水或水中成分出现变化，墨西哥钝口螈有时也会变态成成体的样子，可爱的样子随之消失，看起来不再那么招人喜欢。

★ 分类：有尾目钝口螈科　大小：20~30 厘米　★ 分布：墨西哥

脂肪警报

棘鳞蛇鲭

鱼类

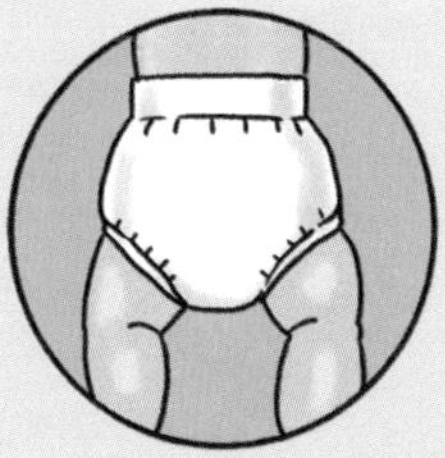

人类一旦误食，竟然必须得准备纸尿裤？!

棘鳞蛇鲭的名字跟纸尿裤可是没有直接关系的

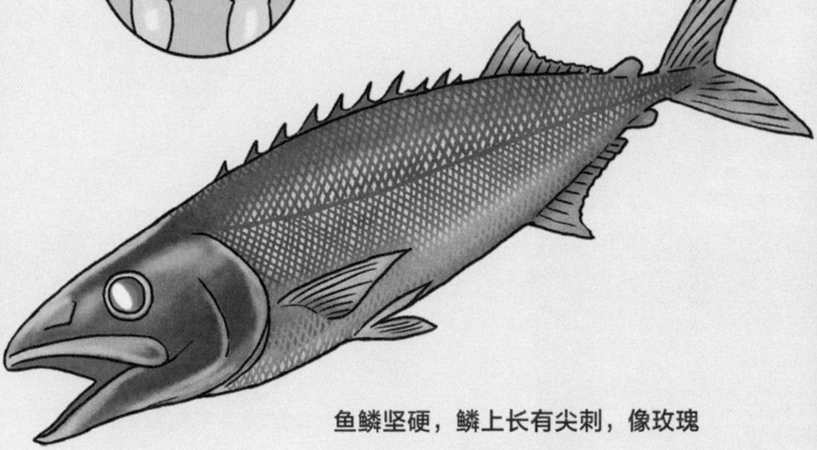

鱼鳞坚硬，鳞上长有尖刺，像玫瑰刺一样，故得名“棘鳞”

鱼的身体比水“重”，因而一般具有能在水中帮助沉浮的“鱼鳔（biào）”，通过调节鱼鳔中的气体含量在水中上下移动。

作为一种深海鱼，棘（jí）鳞蛇鲭（qīng）却不用鳔，而是靠身体储备的大量脂肪来调整浮力。一般鱼类从深海里突然上浮时，鱼鳔需要像气球一样膨胀起来；而棘鳞蛇鲭的脂肪，却可以很好地适应水压的变化。因此，棘鳞蛇鲭能够从深海移动到较浅的海域。

棘鳞蛇鲭的脂肪是一种叫作“蜡酯”的黏稠物质，人体无法消化。一旦误食，人会在毫无感觉的情况下把它直接从肛门排出来，发生排油性腹泻，所以世界上许多地区都规范此鱼的食用。另外再补充一句，这种鱼的肉可是非常美味的哟。

★ **分类**：鲈形目蛇鲭科 ★ **大小**：80~200 厘米 ★ **分布**：水深 400~800 米处

防寒刚毛

海獭 哺乳类

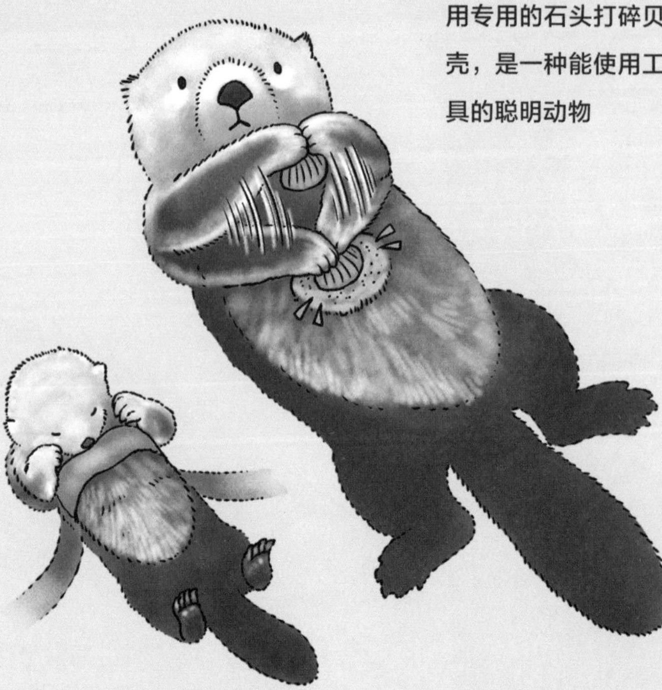

用专用的石头打碎贝壳，是一种能使用工具的聪明动物

前爪的掌心和后爪没有毛，因此睡觉时会将爪子露出水面，十分可爱

海獭(tǎ)是一种深受人们喜爱的动物，它将贝壳与放在肚子上的石头撞击的动作十分可爱。海獭生活在北太平洋冰冷的海水里，长着厚厚的毛皮，每平方厘米的体毛数量竟达 10 万根！照此计算，海獭全身长着 8 亿~ 10 亿根体毛。海獭会通过在整理体毛时吹入空气，或者用边游泳边吸收气泡的方式在体毛中制造空气层，进一步增强防寒的能力。

令人意外的是，海獭的皮下脂肪很少，一旦停止进食，就会导致体温下降，并会因此死去。因此，它必须不断进食贝类、海胆、螃蟹等美食。遇到坚硬的贝类时，它则会用前面提到的石头打碎。海獭的这块石头十分讲究，平时装在腋下皮肤的松弛部位，就像装在兜里一样。海獭一天的进食量约占体重的 20% ~ 30%。皮下脂肪少可真是件麻烦事。

★ **分类**：食肉目鼬科 ★ **大小**：1.2~1.5 米 ★ **分布**：北太平洋沿岸

出来吧，我的胃！

蓝海燕海星 棘皮动物

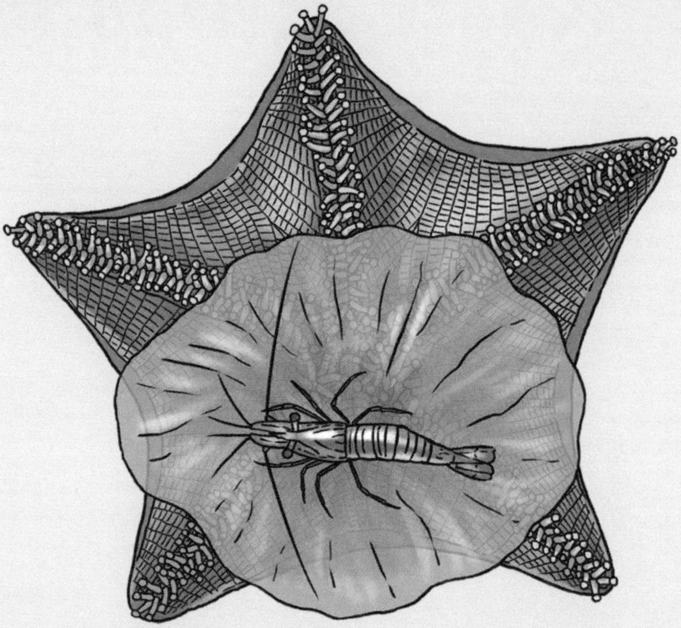

把胃掏出来，像用包袱(fu)裹东西一样捕捉猎物。对被消化的一方来说，实在太恐怖了

海星的口位于腹面的中央，为了消化食物，它的胃甚至会从身体中心进到腕的里面。另外，海星的肛门位于背面。这样，它就可以一边在海底行走一边寻找并吸收食物，并从后背排便。

有一部分海星，比如蓝海燕海星，还可以将胃掏到体外，把猎物包起来消化吸收。这样不仅可以捕捉到大的猎物，甚至还能用腕足撬开双壳贝类，把胃从贝壳缝隙里伸进去消化吸收食物。只不过，据说当猎物过大时，蓝海燕海星需要数日到一周的时间来消化。就算是再贪吃，整整一个星期都处在吃撑的状态，这胃恐怕都要下垂了吧。

★ 分类：有棘目海燕科 ★ 大小：中心到腕有 10 厘米 ★ 分布：日本、朝鲜半岛就算拥有超能力，也必须好好吃东西！

大胃王生物的王者决战

蓝鲸

1 日的进食量为 6800 公斤，相当于一头非洲草原象的重量。而且，这些食物还是只有几厘米长的磷虾。这么小的磷虾，这得吃掉多少只啊！

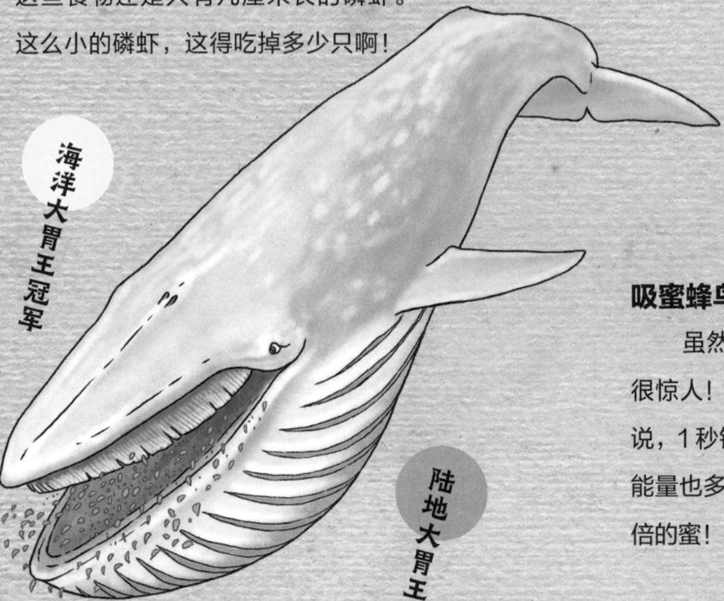

吸蜜蜂鸟**（→ 第 12 页）**

虽然是世界上最小的鸟，食量却很惊人！以吸蜜蜂鸟最拿手的悬停来说，1 秒钟须振翅 50 次以上，消耗的能量也多——1 日要吸取自身体重 1.5 倍的蜜！

海獭**（→ 第 30 页）**

体重才 14 ~ 33 公斤，可 1 日内吃掉的贝类、海胆、螃蟹等营养丰富的高级食材居然达自身体重的四分之一。完全是货真价实的大胃王。

非洲草原象**（→ 第 19 页）**

因为身体庞大，所以进食特别多。1 日能吃 200 ~ 300 公斤的植物叶子等食物！

第二章

让人惊叹的武器

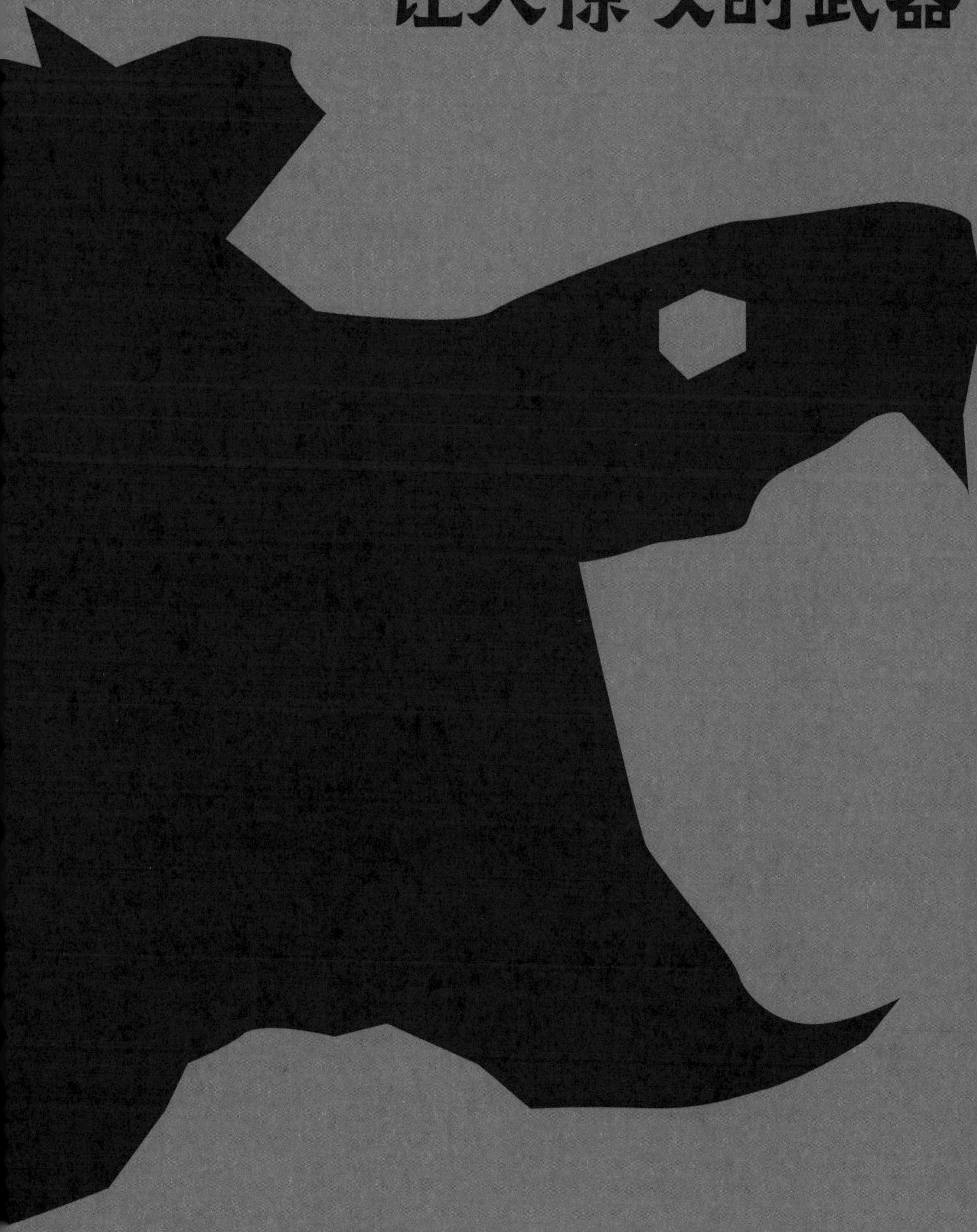

生存便是战斗！

动物在生存期间，总会有这样一些瞬间——为保护自己、家人和族群而战斗。在野生动物的世界里，有时候只有战斗才能生存下去，因此它们必须全力以赴。其中有一些动物，就是在进化过程中获得了战斗的武器。

例如，犀牛的鼻端有一根大长角。如果有狮子之类的肉食动物前来攻击，它就会低下头，利用本身的冲击力和角去迎敌。肉食动物当然也有武器。不必说狮子的獠牙和爪子，就连鲨鱼的牙齿或螳螂的“镰刀”都是强有力的武器。

不只是把身体当作武器，有的动物还有毒。它们不仅可以用毒来毒倒

狮子的獠牙 vs 犀牛的角！

猎物，还可以用毒来防身。

另外，还有一个重要理由也在促使动物们去战斗，即“为了受异性欢迎”，为了留下自己的子孙后代。比如，虽然北美野牛以及长着大角的绵羊等动物也会为保护自己或族群而使用角，不过在繁殖期的时候，它们还会为争夺雌性而与其他雄性同类互相抵角，甚至进行猛烈的顶头大战，其激烈的程度让人不免担心它们这样做会不会造成脑震荡。

雄性动物间不仅会直接战斗，有时还会彼此展示武器，向雌性炫耀。拥有更强大武器的一方比竞争对手更有优势，甚至还会成为雌性的择偶标准。没想到，武器居然还会以这种方式被运用在和平解决问题上！

动物所拥有的武器就是在弱肉强食的野生动物世界中，为了生存和繁衍后代而不断发展起来的。

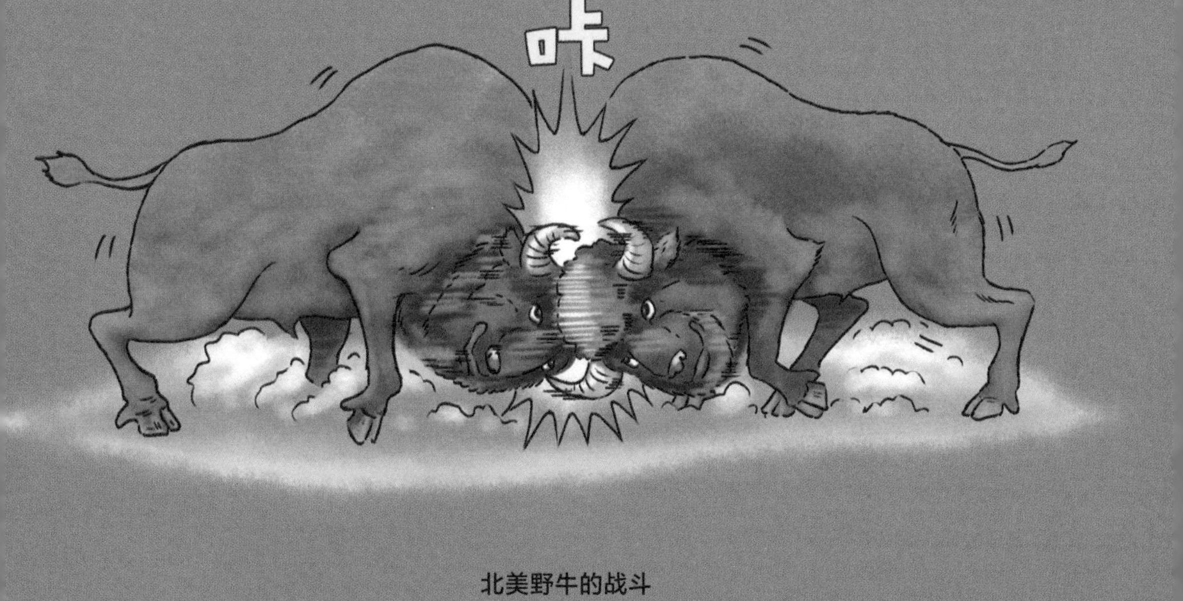

北美野牛的战斗

豪放的一生

蜜獾

哺乳类

趁对方正对松弛的皮肤发蒙(mēng)时发动反击！

若要问哺乳类动物中拥有最强称号——“百兽之王”的是谁，那肯定非狮子莫属。不过有一种动物，却连厉害的狮子都毫不畏惧，那就是蜜獾(huān)。蜜獾十分勇敢，连大自己好多倍的狮子、鬣(liè)狗之类都不放在眼里。蜜獾拥有厚厚的皮肤，并且十分松弛，让肉食动物的爪子无用武之地，就连狮子都很难抓住它。即便被抓住，趁对方无从下手时，蜜獾就会用自己强有力的爪子和牙齿发动反击。而且，它还会从肛门发射臭液，让大型肉食动物都招架不住。

蜜獾以小动物为主食，有时也会猎捕拥有剧毒的毒蛇，连眼镜蛇的剧毒都对蜜獾无可奈何！虽然蜜獾无所畏惧，可它最喜欢的食物却是蜂蜜。瞧，转眼间蜜獾就变成治愈系动物了哦。

★ 分类：食肉目鼬科 ★ 大小：60~80 厘米 ★ 分布：非洲、亚洲

放屁狙击手

条纹臭鼬

哺乳类

能连续发射 5~6 次恶臭液体。发射完后需要数日才能再次蓄满

每当感到有危机时，臭鼬(yòu)就会从肛门发射一种恶臭液体。人一旦被这种液体喷中，就会出现暂时性失明、头晕等症状，十分痛苦，而且短时间内还会不时出现恶心症状，可谓杀伤力巨大。

一旦衣服上被喷上这种液体，我们就只能把衣服扔掉。这种具有强烈的硫黄温泉或腐烂大蒜气味的液体叫“丁硫醇”，储藏在臭鼬体内一处叫肛门囊的地方。臭鼬甚至能朝 3 米远的敌人脸上喷射，可谓超级狙击手。

臭鼬的天敌主要是嗅觉灵敏的哺乳类，因此它才进化出这种对付嗅觉灵敏的动物的武器。臭鼬偶尔也会出现在市区里，而且由于视力不好，一旦遇上人就会因为受惊而发起攻击。还真是麻烦呢。

★ 分类：食肉目鼬科　★ 大小：25~40 厘米　★ 分布：北美洲

危险的羽毛

黑头林鵙鹟

鸟类

吃过一次苦头后，连天敌都被吓怕了。靓丽的颜色也是警告对手的“警戒色”

尽管数量稀少，可仍有一些鸟类是有毒的。最初被发现的有毒鸟类是黑头林鵙鹟（jú wēng），毒素就在其羽毛和皮肤里。发现这一秘密的仅限于猎捕它的天敌。起初或许只是少数个体被毒死，可不久后所有天敌就都知道——“一旦误食后果严重”，后来就不怎么猎捕它们了。

黑头林鵙鹟的毒素为剧毒，是一种类似箭毒蛙毒素的蟾毒素族神经毒素，连人类都很容易被毒倒。据说，这种毒素来源于它们食用的昆虫。

据说，调查这种鸟的研究人员曾在舔舐被其划破的伤口时感到舌头发麻，就用舌头舔了舔它的羽毛，结果才发现有毒。虽说研究人员这种探索精神令人敬佩，不过凡事都要亲口去尝一尝的做法却是危险的。或许这也是留给我们的一个教训吧。

★ **分类**：雀形目啸鹟科　★ **大小**：23 厘米　★ **分布**：新几内亚

切割的剪刀

卵形硬蜱 节肢动物

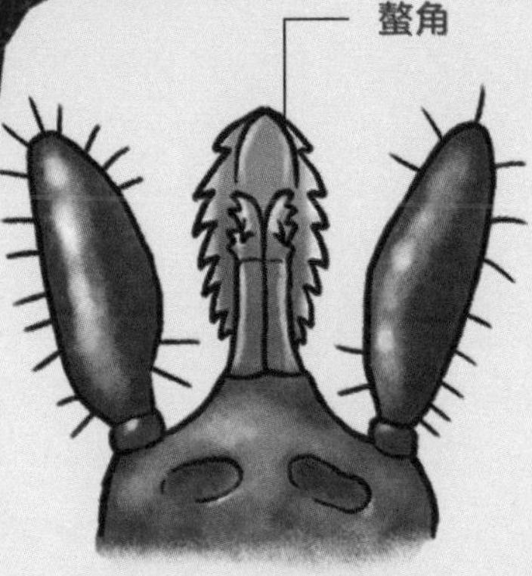

卵形硬蜱的口器

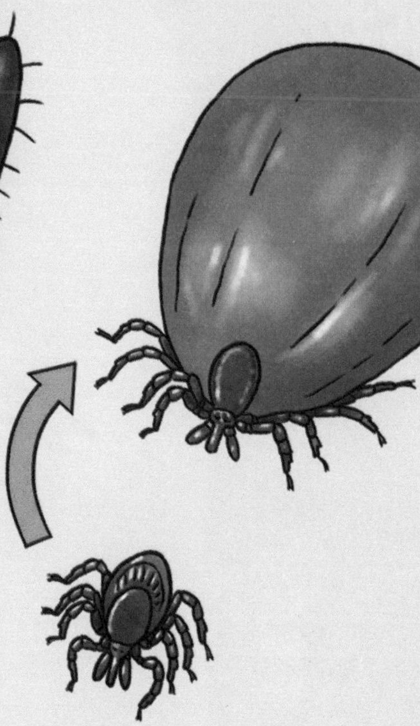

被咬后，有时会造成感染，因此进入草丛时最好穿长袖上衣和长裤。山白竹草丛里尤其多

吸血动物卵形硬蜱(pí)喜欢潜伏在树叶后面，一旦有哺乳类动物路过，就会立刻扑上去。然后，它会用数日时间持续吸血，直到让自己的身体膨胀几倍。

其实，卵形硬蜱早已通过前面第一对足上的一种名为“哈氏器”的感觉器官，敏锐捕捉到哺乳动物所呼出的二氧化碳，及其气味、体温、震动等信息，因此猎物注定无法逃脱。一旦抱住猎物，卵形硬蜱就会用口中一种叫“螯角”的“剪刀”将对方的皮肤切开，将口器钻进对方体内吸血。此时，卵形硬蜱还会释放一种水泥状物质，把自己牢牢固定住，不会脱落。

不过，由于固定得太牢，如果人类去揪它，也只能揪掉它外面的身体，头部会残留在人体内，导致咬伤的地方会开始化脓，有时还需借助手术才能把它彻底取出来。好可怕的头啊！

超酸性

醋淋浴

斯氏盾鞭蝎

节肢动物

一旦被醋酸液体喷中，请立刻用水清洗！
嗞

斯氏盾鞭蝎长着带刺的“剪刀”（触肢）和长长的尾巴，从外形看完全就是一只蝎子，可遗憾的是它并非蝎子，因而也没有毒。斯氏盾鞭蝎主要生活在热带到亚热带的石头或歪倒的树木下面。虽然乍一看挺吓人，其实我们根本不用害怕。

不过，即便这样，斯氏盾鞭蝎仍有自己的防身术。感到危险时，它会从尾巴根部的肛门腺发射一种雾状的酸性物质——“醋”。虽然这并不十分危险，不过，人若被它“嗞”地喷一下，肯定会心情不爽。一旦被喷到眼睛，有时还会伤害到角膜，引发皮炎等。因为这种醋，它的英文名字意为“醋蝎”。拥有这么讲究的名字，它简直可以直接被摆到食品专柜来售卖了。

★ **分类**：鞭蝎目长尾鞭蝎科 ★ **大小**：40 毫米 ★ **分布**：日本九州南部、冲绳

长着胃的植物

莱佛士猪笼草

植物

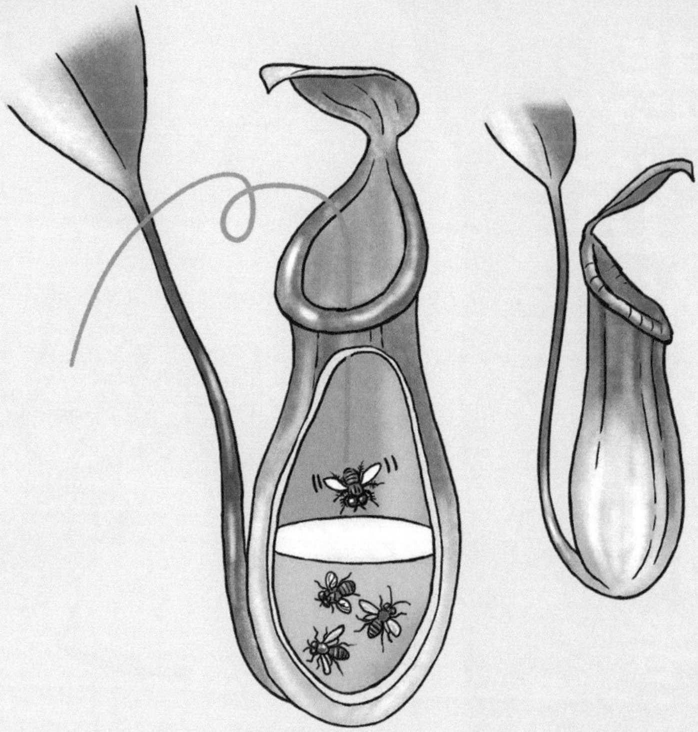

据说，在盖子状的叶背面避雨的昆虫有时也会被雨水打落到“袋子”里

生长在贫瘠的土地上的植物中，有些“食虫植物”能够从昆虫中获取养分，莱佛士猪笼草便是其中的一种。它的叶子会变成罐状的“捕虫袋”，里面装着透明液体，用来引诱昆虫。“捕虫袋”中的蛋白质分解酶和细菌会将掉到里面的昆虫分解消化掉。

由于“袋壁”光滑，落入其中的昆虫根本无法爬上来。不过，莱佛士猪笼草的消化能力不是很强，需要很长时间才能消化掉昆虫。

据说，还有一些猪笼草，会用叶子分泌的“蜜”来吸引老鼠、蝙蝠等前来安家，好让它们的粪便落到袋子里，作为自己的养分。如此一来，那可真就成了“食粪植物”了啊。

★ 分类：石竹目猪笼草科 ★ 大小：— ★ 分布：东南亚

超爆炸

悲伤的牺牲者

爆炸蚂蚁

昆虫

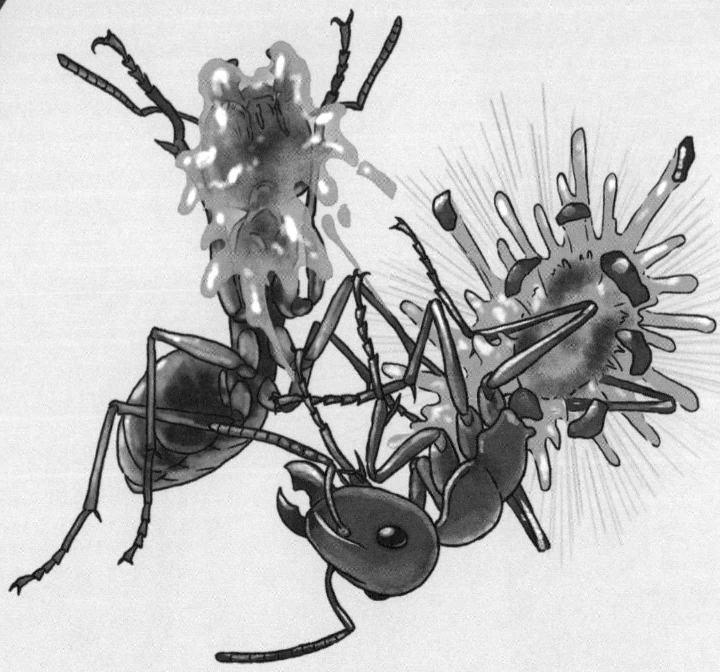

制造毒液的器官是多数蚂蚁都具备的分泌信息素的大颚(è)腺(xiàn)。爆炸蚂蚁的大颚腺很大，能够向全身输送毒液

生物本身会爆炸？这话听起来难以置信，不过却是真的。为了保卫族群和巢穴，蚂蚁会进行各种进化，其中，爆炸蚂蚁的进化最厉害。正如其名字所展示的那样，这种蚂蚁会自行爆炸。

为了抗击大型蚂蚁入侵，守卫自己的族群和巢穴，或者为跟其他蚂蚁争夺地盘，而斗争形势又十分严峻的时候，爆炸蚂蚁的工蚁就会收缩腹肌进行爆炸。然后，它们那极具刺激气味的黏稠毒液就会被释放出来，裹到敌人身上。

爆炸蚂蚁的毒液在抑制住敌人的同时，还能向同伴告急。爆炸蚂蚁全身都是武器，简直太可怕了。不过，为了守护族群而牺牲自己，这也真是太伟大了。

★ 分类：膜翅目蚁科 ★ 大小：工蚁 4 毫米左右 ★ 分布：马来西亚、文莱

邻居是恶魔

红嘴牛椋鸟

鸟类

即使受到伤害，哺乳类动物们似乎依然不大在意……

你有没有在电视的动物节目上看过，有些小鸟停在水牛或斑马等大型哺乳动物背上的情形呢？这种鸟就是红嘴牛椋(liáng)鸟。它们经常停在动物的身体上，啄食蜱虫或苍蝇幼虫等寄生虫。

这对水牛来说自然求之不得，而红嘴牛椋鸟也省去了飞来飞去四处寻找昆虫的麻烦，毫不费力便可以捉到寄生虫吃，真是何乐而不为。

不过，水牛等动物的后背有时也会出现裂开的伤口。这些伤口容易招来虫子，但红嘴牛椋鸟貌似会故意去啄这些伤口，让伤口无法愈合。不只如此，有时它们还会故意啄食水牛的血或肉！千万不要以为红嘴牛椋鸟和水牛等动物间总是美好的共生关系，殊不知这种鸟还有恶魔般的另一面呢。

★ 分类：雀形目椋鸟科　大小：18 厘米　★ 分布：中非、南非

恐怖的回路

响尾蛇

爬行类

陷窝器
牙齿结构呈管状，能够让毒液通过牙齿注入猎物体内

响尾蛇是一种生活在干燥地带、草原或森林等多种地区的危险毒蛇。其尾端有一种层层重叠的角质环，尾巴晃动时会发出“沙沙”的声音，以此来吓唬敌方，而响尾蛇也因此得名。大多数响尾蛇的蛇毒是一种可以分解凝血蛋白的“出血毒素”，会破坏血管的细胞壁，让出血无法止住。这种毒素的毒性极强，人和动物一旦被咬会感觉到剧痛，肌肉细胞会死掉。

响尾蛇拥有一种高性能的“雷达”，即它嘴边的一对“陷窝器”能感受热量——红外线的变化，以此探知猎物的位置。其探测精度非常高，连0.001~0.003℃的温度差都能感知到。响尾蛇舌尖上还有一种能感知气味的传感器。

★ 分类：有鳞目蝰科

加利福尼亚地松鼠
摇动尾巴，一边威慑一边扬沙的加利福尼亚地松鼠
不断咀嚼响尾蛇的蜕壳并舔舐身体，将气味涂抹到身上

响尾蛇身体细长，任何地方都能钻进去，利于猎捕穴居的小动物。

不过，如此厉害的响尾蛇也有难缠的对手，即在草原上挖洞生活的加利福尼亚地松鼠。这种松鼠遇到响尾蛇时会抬高尾巴快速摇动，使尾巴的温度上升。响尾蛇会误以为对方是热量高的大型动物而逃走。

另外，加利福尼亚地松鼠还有其他技能，比如用前爪扬沙使响尾蛇的陷窝器失灵，或者咀嚼响尾蛇的蜕壳并涂抹到自己身上，干扰响尾蛇的气味传感器。据说，这种松鼠的成年个体原本就对响尾蛇毒有抗体，即使被咬到也不大碍事。因此，在响尾蛇的眼里，或许这种松鼠才是恶魔般的存在吧。

大小：1.8 米（西部菱斑响尾蛇）★ **分布**：南美洲、北美洲

喷射血泪

得克萨斯角蜥

爬行类

喷出的血有如激光束一样。
多种角蜥会喷血

得克萨斯角蜥生活在北美大陆的平原干燥地带，主要食物是蚂蚁。它们会等候在蚂蚁队列旁或蚁巢周围，吃路过的蚂蚁。

或许是周围藏身地点不多的缘故，得克萨斯角蜥练就了一套防身的好本领。

当发现敌人时，它首先会将像雪饼一样的扁平身体伏在地面上隐藏起来。一旦被发现，它就会深吸气，让身体膨胀起来。毕竟，一旦吞下这么个刺球，喉咙会被刺痛的，因此就会有一些敌人不得不放弃。

对仍不肯罢休的敌人，它还有终极手段！它会使出一种恐怖的攻击术——从眼睑（jiǎn）向敌方喷射自己的血。

★ 分类：有鳞目美洲鬣蜥科　大小：10~11 厘米　★ 分布：美国

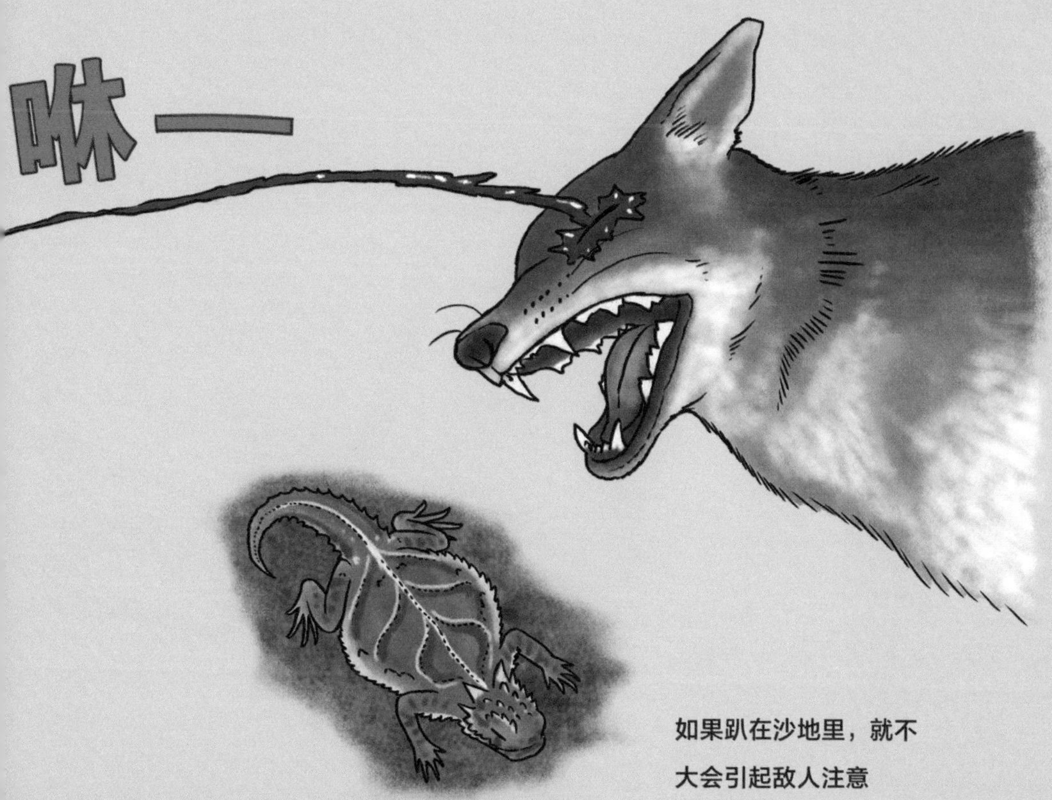

如果趴在沙地里，就不大会引起敌人注意

得克萨斯角蜥的头部有一处地方能储存血，血液在这里被温热后送往全身。如果关闭血管的阀门，头部的血压就会上升，眼皮周围的毛细血管就会崩裂而往外喷血。

这种攻击方式的喷射距离能达 1.5 米！这样不但会让敌人吓一跳，血里面似乎还含有一些让郊狼等敌人讨厌的成分。

只不过，据说这种攻击方式有时会让得克萨斯角蜥丧失全身三分之一的血量，想要恢复正常就得吃相当数量的蚂蚁才行。希望它们好好努力。

真正的射毒

唾蛇

爬行类

喷射毒液时要把头甩到前边，就像人往远处扔东西一样

唾蛇是眼镜蛇的同类，为了震慑对手，它会抬起镰刀形的脖子，并让后颈往左右两边膨胀。它的牙齿上有一种能麻醉身体的神经毒素和能阻止凝血的出血毒素，动物一旦被咬，就会有性命之忧。

唾蛇又名射毒眼镜蛇，能够向敌人喷射毒液。它的牙齿上有朝前开的洞，能将毒液从洞口的毒腺喷到 2.5 米远的地方，喷射目标自然是敌人的脸和眼睛。然后，它会趁对方畏缩之际逃走。这种攻击方式十分恐怖，毒液一旦进入敌人眼睛很可能会致其失明。

据说，倘若还有敌人紧追不舍，它就会装死，把敌人骗过去。尽管被叫作射毒眼镜蛇，没想到居然还是个胆小鬼呢。

★ 分类：有鳞目眼镜蛇科　大小：90~110 厘米　★ 分布：非洲南部

想吐就吐！

羊驼

哺乳类

剪毛后的羊驼　　　　毛太长的羊驼

被饲养在安第斯地区高地上的羊驼，由一种叫原驼的动物驯化而来。跟牛和骆驼一样，羊驼也有四个胃室。它们会将食物返回嘴里，经过再次咀嚼后咽下去消化，是一种“反刍(chú)动物”。

羊驼毛质轻盈柔软，样子十分可爱。不过，一旦羊驼不高兴或害怕的时候，它就会吐唾沫，所以要特别注意。若只是吐唾沫的话，顶多只是气味臭点，有时羊驼还会吐一些在口中反刍的黏稠的东西。这些东西像呕吐物一样，臭味十分强烈，是一种厉害的武器。

羊驼的毛是最高级的毛料，粪便也曾被用作燃料。羊驼是一种很难得的动物，不过可一定不要惹恼它哦。

★ **分类**：偶蹄目骆驼科　**大小**：肩高 90~105 厘米　★ **分布**：南美洲

恶魔吸血队

尖嘴地雀

鸟类

不只吸血，也吃昆虫等。据说这种吸血行为是 20 世纪 80 年代被发现的

中嘴地雀与尖嘴地雀分散生活在加拉帕戈斯群岛，它们原本是同一种鸟，可为了在各自的岛屿适应各自的食物和生活环境，它们就进化出不同嘴形。

其中的尖嘴地雀会吸食同一座岛上的一种大型鸟类——褐鲣(jiān)鸟的鲜血。作案时，一只尖嘴地雀会去啄褐鲣鸟以吸引其注意力，另一只则用进化得十分细长的尖嘴从另一边啄伤褐鲣鸟并吸血，这简直就是一种高智商犯罪。就算尖嘴地雀的吸食量很少，可褐鲣鸟雪白的羽毛上也会因此染上鲜血，场面显得十分恐怖。

中嘴地雀别名达尔文雀。人们都说，就是在这种鸟的启发下达尔文才提出进化论。可是，据说事实上达尔文并未怎么注意过这种鸟。

★ 分类：雀形目裸鼻雀科 ★ 大小：13 厘米 ★ 分布：加拉帕戈斯群岛

超拟饵

可怕的诱饵高手

鳄龟 爬行类

在水中伏击猎物。头和脚无法完全缩到甲壳里面

鳄龟近 1 米长的身体凹凸坚硬，嘴巴尖利，咬合力大到 300~500 公斤，贝类、小龙虾，甚至其他乌龟都能被它咬碎。

鳄龟可怕的口中有一条鲜艳的粉色细舌。猎物一旦被这舌头吸引就完了，因为这是鳄龟的诱饵。鳄龟会让这小舌头在水中摇来摇去，引诱小鱼等猎物靠近，然后一口吞掉。尽管这种小伎俩并不高明，可却很管用。鳄龟脖子周围的刺是一种流体传感器，能感知水流，探知猎物的存在。

近年来，鳄龟开始出现在城市地区的水池等处。作为一种外来生物，鳄龟常被人视为坏东西。不过，据说在其原产地，鳄龟却因被食用和当宠物等用途，数量正急剧减少。这对鳄龟来说可真是件麻烦事。

★ 分类：龟鳖目鳄龟科 ★ 大小：甲长 40~80 厘米 ★ 分布：北美洲

超电击

夺命电

电鳗

鱼类

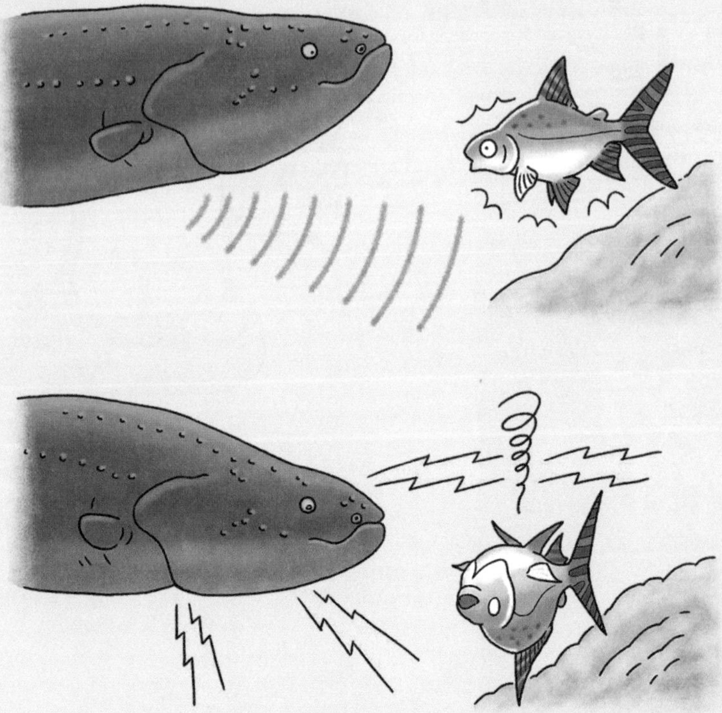

探查用的弱电跟捕猎用的强电，两者是分开使用的

电鳗能产生600~800伏特的高压电，将小鱼等猎物电晕后将其捕获。虽然这种电击瞬间即可完成，不过在放电之前，电鳗早已用“高性能雷达”探测到猎物的位置。

电鳗尾部两侧各有一对发电器官，可以发高压电用来进行攻击，也可以发低压电来探测猎物位置。猎物受到低压电攻击后会发生抽搐，电鳗感知到动静后会再发高压电，通过两波攻击，进行精准狩猎。

之所以能产生电，是因为电鳗的肌肉细胞具有发电能力。

电鳗身上这种肌肉细胞共有 7000 多个，它们并排在一起，通过一齐发电的方式来形成强电。这种发电细胞从电鳗的肛门部位开始往后排列。

★ 分类：电鳗目裸背电鳗科　　大小：2.5 米

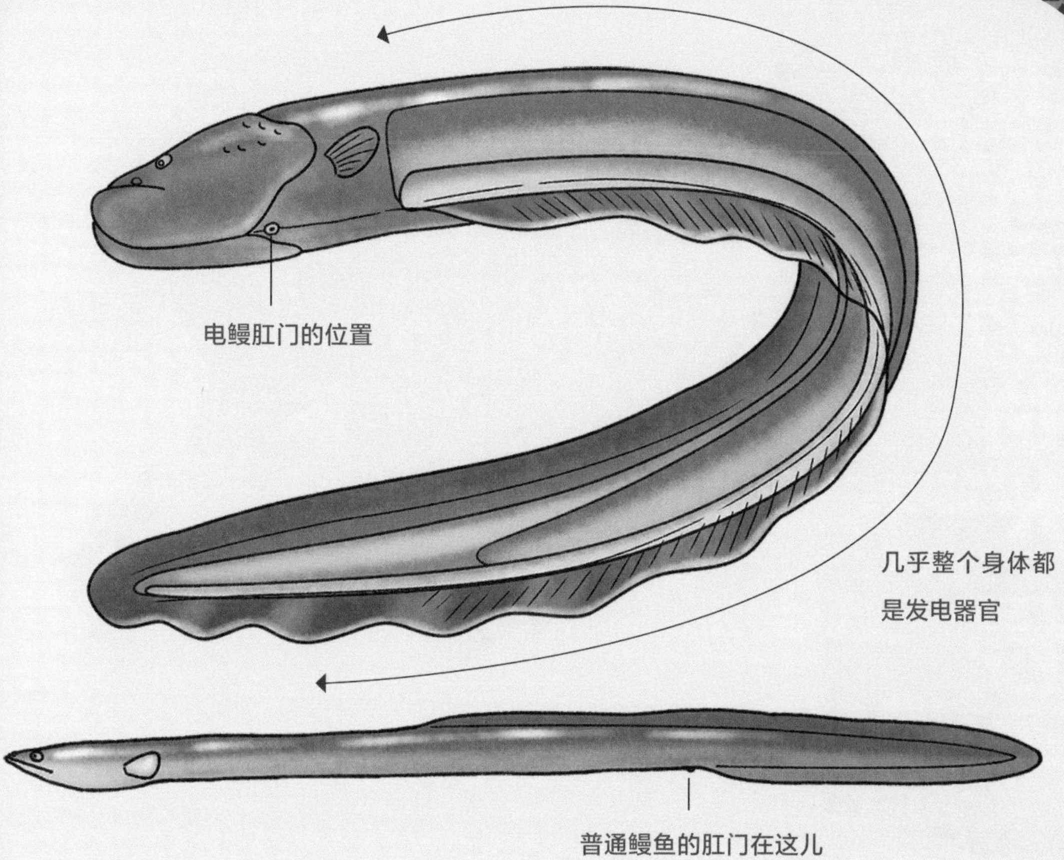
电鳗肛门的位置
几乎整个身体都
是发电器官
普通鳗鱼的肛门在这儿

为了发电，电鳗已完成进化，可以更多地利用自己的身体部位来发电。电鳗的肛门就在头下面，而肛门后面的修长身体的五分之四都是“发电机”。多么不均衡的身体！

电鳗的名字中虽然带有一个“鳗”字，不过它跟鳗鱼是完全不同的类属。尽管电鳗也有鳃，却是一种罕见的要直接呼吸空气的鱼类。据说它只能经常将口露出水面呼吸，否则就会死掉。一般认为，由于温暖水域水含氧量少，才出现这样的进化。

分布：巴西

亚马孙的入侵者

牙签鱼

鱼类

有人说它对氨的气味十分敏感，会顺着人的尿道钻入人体内，不过，这是个谎言

牙签鱼生活在南美大陆亚马孙河中，比食人鱼还可怕。这种鱼身体细长，像泥鳅一样。它们能从大鱼的鳃侵入其体内，从内部吞噬大鱼的血肉，十分恐怖。

这种鱼身体细小，头部扁平，很容易往洞里钻。稀里糊涂下到河里的动物很容易被其从身体的任意一处孔洞侵入体内。据说，有时它会从尿道口等处钻入人体内。由于它的鳃上长着刺，因此，就算是想把它拽出来，身体也会因为被刺钩住而产生剧痛，只能用手术才能取出。

虽然牙签鱼对气味十分敏感，它的眼睛却几乎什么都看不见。不过，眼睛看不见却仍一个劲地往前冲，这样反倒更加恐怖，不是吗？

★ 分类：鲇形目毛鼻鲇科 ★ 大小：10 厘米 ★ 分布：南美洲

四四方方的暗杀者

澳大利亚箱形水母

刺胞动物

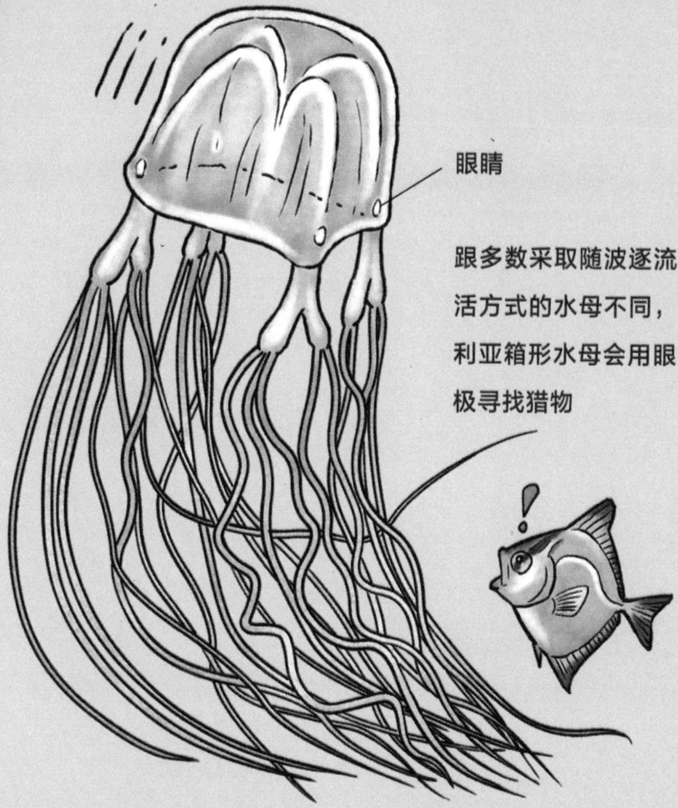

眼睛
跟多数采取随波逐流的生活方式的水母不同，澳大利亚箱形水母会用眼睛积极寻找猎物

澳大利亚箱形水母是拥有世界上最强毒素的生物之一。从它的英语名字“sea wasp”（海黄蜂）就可以知道它的厉害。它的箱形伞盖上有十多条触手，每条触手上有 5000 个“毒针”——刺细胞。

澳大利亚箱形水母的强力毒素原本只是为了捕猎小鱼等猎物，不过，这毒也实在太厉害了。据说，人一旦被它蜇(zhē)中，会感到剧痛，严重时不到 10 分钟就会死掉。由于刺细胞只对生物产生反应，因此，据说如果穿上潜水服再戴上手套，受到的伤害就会很小了……

不过，这种厉害无比的剧毒对喜食水母的海龟却毫无效果，因此它们被海龟大量捕食。好不容易练就世界顶级的剧毒，在关键时刻却没了用处……

★ 分类：立方水母目箱形水母科 ★ 大小：伞高 30 厘米 ★ 分布：澳大利亚近海

深海监牢

蝰鱼

鱼类

捕捉到猎物后不是咬死，而是生吞

深海中生活着一些面目狰狞的鱼类，蝰(kuí)鱼便是其中的一种。蝰鱼体形细长，一部分背鳍长得很长，口中还有很多尖利的长牙。

蝰鱼以鱼为主食，不过，这些看着挺吓人的牙齿却不是用来杀死猎物，而是在光线不好的昏暗深海里，防止那些进入口中的鱼类逃跑，就像监牢一样。它的作战方式是，当遇到猎物时，首先张开大嘴，将猎物一下子关进口中，避免其逃走。

猎物是逃不掉了，不过，当猎物太大而卡在嘴里时，蝰鱼吞又吞不下，吐又吐不出，完全无法进食，只能活活饿死……像这种情况大概也是有的。

★ 分类：巨口鱼目巨口鱼科 ★ 大小：30 厘米 ★ 分布：水深约 150~1500 米处

第二张嘴

蠕纹裸胸鳝

鱼类

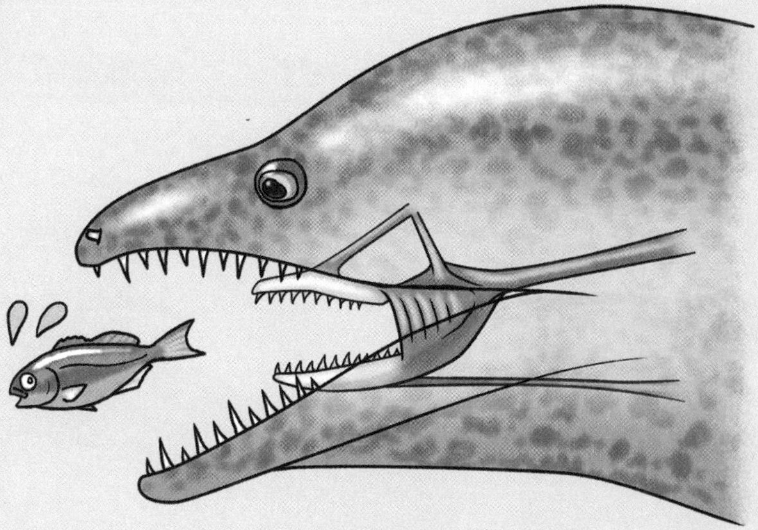

叼住猎物后的瞬间，蠕纹裸胸鳝的咽颚会迅速将其咬住

蠕(rú)纹裸胸鳝长着排列得密密麻麻的利齿和巨大的嘴巴。它们栖息在岩缝间，捕捉鱼类、章鱼和蟹类等猎物，又被称为“海盗”。

蠕纹裸胸鳝上下颌(hé)的咬力本来就很强大，可它的口中还有另一张嘴巴，这第二张嘴叫“咽颚”。蠕纹裸胸鳝用第一张嘴叼住猎物后，再将第二张嘴从喉咙里伸出来，咬住猎物，然后收缩“咽颚”，将猎物送到口的深处！这种构造十分恐怖，就连身体柔软的章鱼都逃不掉。这样看来，蠕纹裸胸鳝就如科幻恐怖电影《异形》中的宇宙生物一样。

虽然长相恐怖，不过蠕纹裸胸鳝不大移动，有时还会向相熟的潜水员要食物吃呢。看来，“海盗”也有可爱的一面哦。

★ **分类**：鳗鲡目海鳝科 ★ **大小**：80 厘米 ★ **分布**：日本南部、中国台湾地区

超声速

海底冲击波

短脊鼓虾

甲壳类

远处的猎物也能被震昏

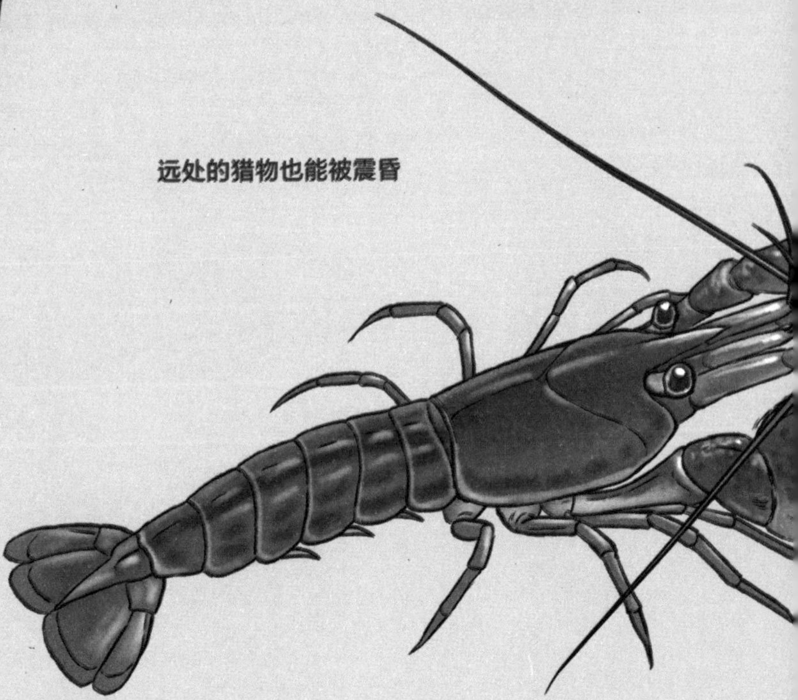

作为小虾的同类，短脊鼓虾有两只螯(áo)足，其中一只螯足又大又粗。短脊鼓虾能以螯足高速开合的方式发出“咔咔”的声音。一般来说，动物发出这种声音多数是为了震慑敌人或竞争对手，可短脊鼓虾发出这种声音则是对猎物发出冲击波攻击。

这种冲击波，是指以接近声速的速度所产生的压力波，据说，在水中时其传播速度能达到 1300 米 / 秒。短脊鼓虾高速闭合螯足时会产生气泡，气泡破裂时会使周围产生爆炸性震动，从而产生冲击波。从它附近经过的小动物等猎物受到冲击波后会被震昏。

而且，据说此时产生的能量也相当强，会产生等离子体并发光。这岂

★ 分类：十足目鼓虾科 ★ 大小：5 厘米

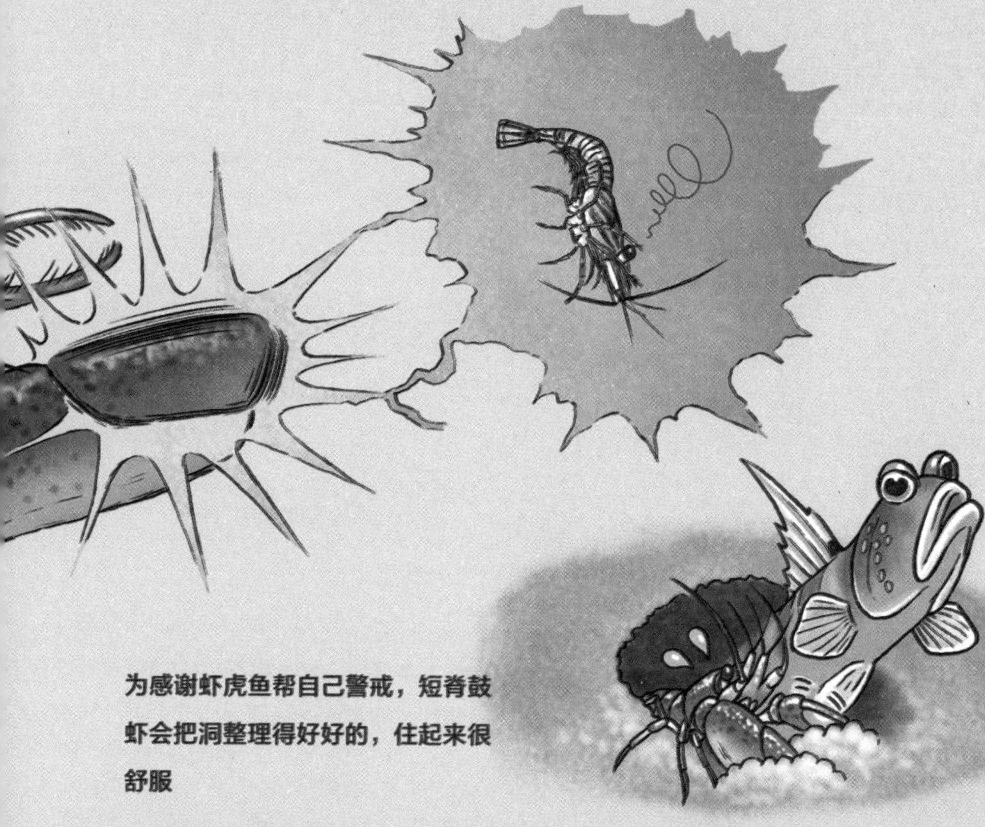

为感谢虾虎鱼帮自己警戒，短脊鼓虾会把洞整理得好好的，住起来很舒服

止是火枪，简直就是科幻电影中的超级武器啊。

那么，一旦被短脊鼓虾盯上，就没办法逃跑了吗？其实，短脊鼓虾的视力很差，无法紧盯猎物，主要依靠触角感知。这样它反倒容易被敌人盯上。因此，短脊鼓虾都是在沙地上挖个洞，藏在里面。

这个洞里还有一个同居的伙伴——虾虎鱼，帮它承担警戒任务。短脊鼓虾总是把触角紧贴在虾虎鱼身上，只要虾虎鱼感到有危险，短脊鼓虾就跟它一起逃进洞里。它自己的远射武器——冲击波，估计也是因为眼神不好才进化来的吧。

捕捉猎物！保卫自己！为了生存的强力武器！

世界上的剧毒怪

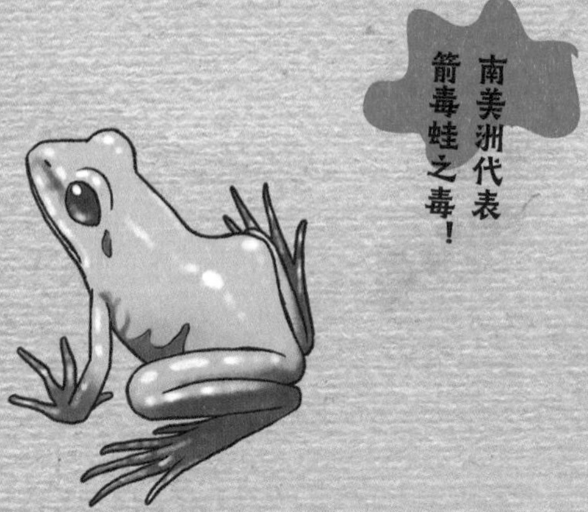

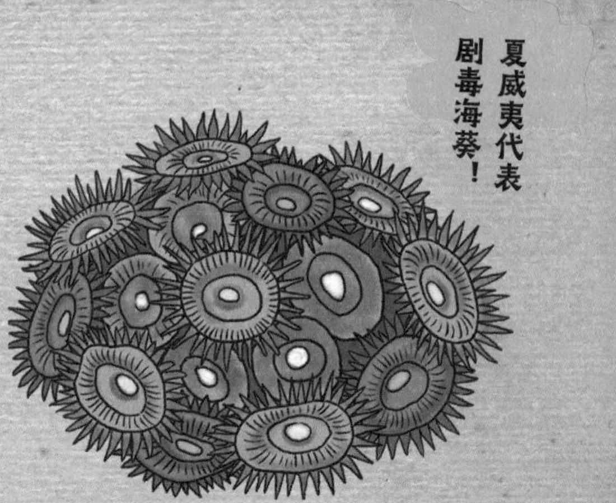

金色箭毒蛙

尽管身体很小，但仍被称为动物界第一剧毒生物。这种有剧毒的蟾毒素仅 0.00001 克即可让人毙命！

毒性沙海葵

具有只有海中生物才会有的海葵毒素。这种毒被称为动物界第一毒！其毒性比氰化钾还要强 8000 倍。

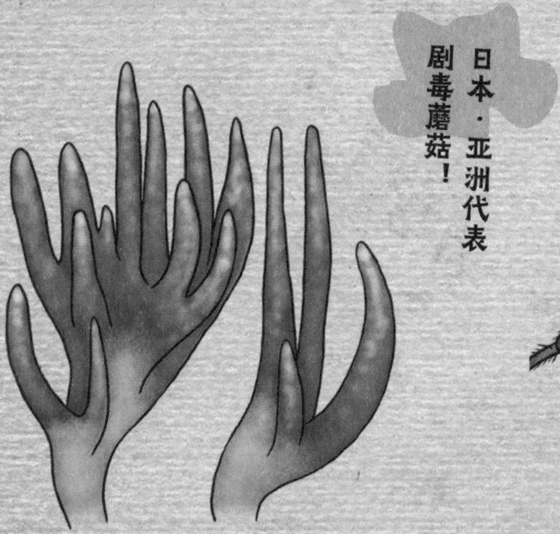

火焰茸

人的皮肤一旦碰到它就溃烂，人一旦误食就会出现腹痛和剧烈恶心，继而导致手脚麻木、呼吸困难，最后甚至可能死掉！

悉尼漏斗网蜘蛛

生活在从澳大利亚东南部森林到市区的地区。个头大，有攻击性，毒牙发达，毒量也多，人一旦被咬，需要立刻治疗！

第三章

让人惊叹的防护具·让人惊叹的忍耐力

铜墙铁壁般的防御！

一旦遭到敌人的袭击怎么办？野生动物每天都面临着这种危机。那么，没有武器的动物们是如何保护自己的呢？让自己拥有巨大的体形也许不失为一种有效手段。即使对狮子来说，袭击大象也一定是需要极大勇气的。黑斑羚视野开阔，在辽阔的平原上能及早发现敌人，并借助敏捷的动作与速度逃掉。穴兔依靠敏锐的听觉可以察知敌人的动静，然后用强健的四肢跳跃，迅速逃回洞穴。

还有一些动物则拥有坚固的身体，不惧敌人的攻击。龟的甲、犰狳(qiú yú)铠甲般的皮肤，还有甲虫、虾蟹等的坚硬身体，以及贝类的壳等，也都在进化中提升了防御力。

用螯足牢牢护住身体的卷折馒头蟹

其中有些动物拥有神奇的外形，令人惊叹。例如螃蟹中的卷折馒头蟹，其圆圆的甲壳上嵌着一对大螯足。一缩身体，卷折馒头蟹的身体与螯足就会紧紧地咬合在一起。只要身体与螯足之间没有缝隙，卷折馒头蟹就能保护住相对脆弱的柔软腹面。因此，拥有这种技能的卷折馒头蟹就生存了下来，逐渐成了现在的形状。

动物不仅用自己的身体来保护自己，用“结群”的方式也很有效。如果大家一齐来警戒，就不会给敌人留下袭击的机会。比如，远东山雀、银喉长尾山雀、大斑啄木鸟等鸟类，虽然种类不同，可有时它们也会组成统一战线来御敌。

不只是敌人，干燥炎热、严寒等严酷的环境也会侵袭动物。动物们有时也会掌握一些忍耐的方法，坚强地生存下去。

生活在北极圈的麝牛有长长的毛和厚厚的皮，可以耐严寒。麝牛群组成圆阵保护孩子的做法也广为人知

死而后生！

北美负鼠 哺乳类

妈妈好辛苦！

澳大利亚的袋鼠和考拉等著名的有袋类动物，在以腹中的胎盘养育宝宝的“有胎盘类动物”（猫、猴子等现在的哺乳类动物几乎都是）出现之前曾经十分繁荣。可有袋类动物却在与有胎盘类动物的生存竞争中落败。最后生存下来的有袋类动物，除了被海洋隔断的澳大利亚的一些动物以外，就只剩下分布在美洲大陆的负鼠了。那么，它们能够生存下来的秘密究竟在哪里呢?

在树上栖息的北美负鼠遭到敌人袭击的可能性很小。更加有利的是，北美负鼠还拥有哺乳类动物中最短的繁殖期，仅 12 天就能生下幼崽，而且一次能生很多只。

母鼠 1 次能生 20 只幼崽，它会先将幼崽放在袋子里哺育，等幼崽长

★ 分类：负鼠目负鼠科 ★ 大小：37~45 厘米

从肛门发出腐烂动物
的臭味……

大些后再放在背上照顾它们。

由于具备如此完备的多生育体系，就算是略微遭天敌捕猎，或是遭遇变故，也对整个种群没多大影响。不过遗憾的是，由于母鼠的乳头数比幼崽少，因此总会有几只长不大。

北美负鼠还喜食动物尸体，因此对食物并不发愁。

另外，它们能生存下来的另一秘籍就是“装死”——遇到危险时，它们会倒在地上流口水，身体一动不动。并且，它们的肛门腺还能发出一种尸臭般的臭味。北美负鼠不仅能吃尸体，还能让自己闻起来就像烂肉，这简直就是终极的忍术了。

★ **分布**：从加拿大到中美洲

超铠装

铠甲的突变体

大穿山甲 哺乳类

大穿山甲身体覆盖着铠甲，有尖利的爪子，一旦有危机逼近就会蜷缩成球状来保护身体，有如特技电影中的异形一样。同样以蜷缩方式自我保护的犰狳长着坚硬的甲板，而大穿山甲的铠甲蜷缩起来后像松球的鳞片。其实，这种鳞片是由毛发变来的，非常坚硬，连豹子的牙齿都咬不动。大穿山甲的鳞片边缘十分锋利，尾巴只须摇一摇就能变成强力武器。大穿山甲肛门里还能释放一种难闻的气味，简直就是防卫专家。

不过，这种铜墙铁壁般的防御对人却不管用。在一些地区，穿山甲因可以食用或鳞片可以辟邪等理由被过度猎捕，已濒临灭绝。

★ 分类：鳞甲目穿山甲科 ★ 大小：约 120 厘米 ★ 分布：非洲

隐居岩窟王

饼干陆龟 爬行类

只要钻进岩缝鼓起来，是很难被弄出来的

饼干陆龟具有罕见的、极其扁平的、又薄又软的甲壳。大家肯定会担心，这样它不就没法保护自己了吗？没事，大家请放心。

虽然它的甲壳并不坚固，身体却很轻巧。饼干陆龟动作敏捷，连岩石都能轻松地爬上去。感到危险时，它会迅速逃进岩石下面或是岩缝里，用力叉开四肢，大口吸气，让身体膨胀起来。于是，柔软的甲壳就会紧贴岩缝，稳如磐(pán)石。这种利用坚硬岩石的自然力的防御方式实在令人震惊。

不过，由于这种龟很稀少，还被人类当作宠物猎捕，已濒临灭绝。

★ 分类：龟鳖目陆龟科 ★ 大小：甲长 10~18 厘米 ★ 分布：东非

超闭塞

完全密闭甲胄

黄缘闭壳龟

爬行类

在交尾期，雄性黄缘闭壳龟喉咙部的颜色会由黄色变成橙色

呈半球状隆起的甲壳是闭壳龟家族的主要特征。大家都知道，龟是将头和四肢藏在甲壳中来防御敌人的，可闭壳龟还有一套更出色的结构——其腹面的“胸甲板”与“腹甲板”之间呈“合页”状，将头尾和四肢缩进去后，还能通过以“合页”为中心进行弯曲的方式，给前后的两个洞盖上盖子。这样能更加牢固地防护身体，可谓是一种进化得最好的甲壳了。

其中，黄缘闭壳龟是龟壳关闭得尤其好的一种，一点缝隙都没有。这种方式既能抵御干燥气候，还能防御鸟类。就算是有个别鸟类想用尖喙从甲壳的缝隙里觊觎（jì yú）它的头脚，黄缘闭壳龟也能防御。

黄缘闭壳龟紧闭的甲壳，就像个盒子一样。

★ 分类：龟鳖目龟科 ★ 大小：甲长 11~17 厘米

从腹面所看到的黄缘闭壳龟，“合页”尚未弯曲

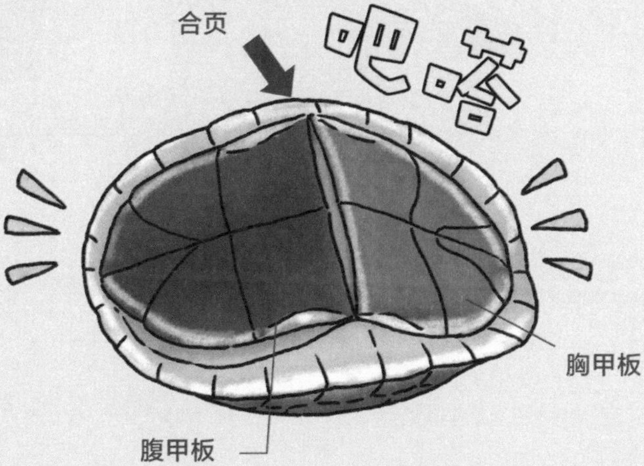

脚、尾彻底藏起来的情形。由于“合页”部位发生折叠，因此完全关闭起来

不过，据说，有一些黄缘闭壳龟被人饲养的时候吃得太胖，也会出现甲壳闭合不上的情况。由于它们跟人类不同，不能重新买衣服，所以就只能减肥了。

在日本冲绳县的石垣岛和西表岛，还有黄缘闭壳龟的亚种——琉球种群，它们目前已被日本指定为“天然纪念物”。据说，它们有时会出现掉进路边沟渠并因爬不上来而死掉的情形。好不容易进化来的防御手段，却在人造物的面前无能为力。这种龟是稀有物种，也有灭绝的危险。据说，日本最近也在改造道路两侧排水沟的形状，好让它们能爬上来。

★ 分布：中国南部、日本冲绳县

超头盖

活体入孔

龟蚁　昆虫

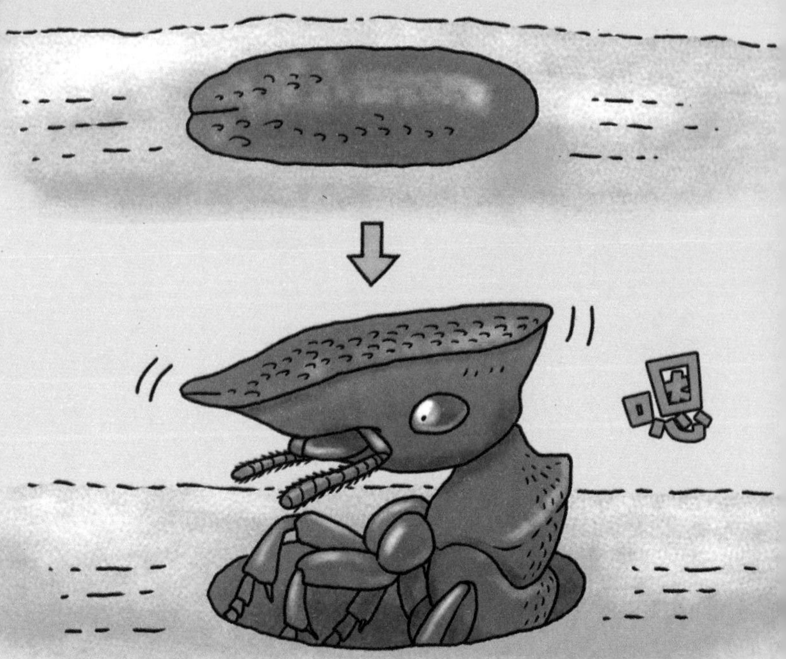

头变成了巢穴的门！

龟蚁是一种树栖性蚂蚁。跟其他的蚂蚁一样，龟蚁也是以蚁后为中心、由各工蚁承担各种职责的社会性动物。

按照分工的不同，工蚁可分为照顾蚁后和幼虫、搬运食物、护卫、警戒等各个工种，而龟蚁还有一个更特殊的工种——“门卫”。虽然也叫门卫，却并非在酒店宾馆做给人开门关门那样的工作，而是将自己的身体真正变成一道门的一种“挺头”的工作。

龟蚁种群中除了只在交配期才出现的雄蚁外，其他的龟蚁都会拥有一个扁平略大的头，而“门卫”的头尤其大，近似圆形。它们会将头紧紧地

★ 分类：膜翅目蚁科　★ 大小：4~5 毫米　★ 分布：美国南部、古巴等

门卫

普通工蚁

嵌进树穴的圆洞口，再完美地盖上盖子。就好比我们去朋友家串门，刚要开门时，忽然发现门本身居然就是朋友哥哥的头一样。

蚂蚁中有些种类会侵袭其他蚂蚁，当然，有些昆虫或鸟类也会盯上蚂蚁。防御敌人是一项最重要的课题。如果有了专属的门卫，龟蚁就可在必要时才把门打开，而且，就算是敌人妄图硬开，门卫也会拼命抵住，这无疑加大了敌人入侵的难度。

虽说是终极的专职守门人、专家，可就算是被强制要求做这种门卫，如果有可能的话，我还是会断然拒绝的。

蒙骗特技

凤蝶

昆虫

凤蝶的 3 龄幼虫。幼虫还能用发出臭味的“肉角”保护自己

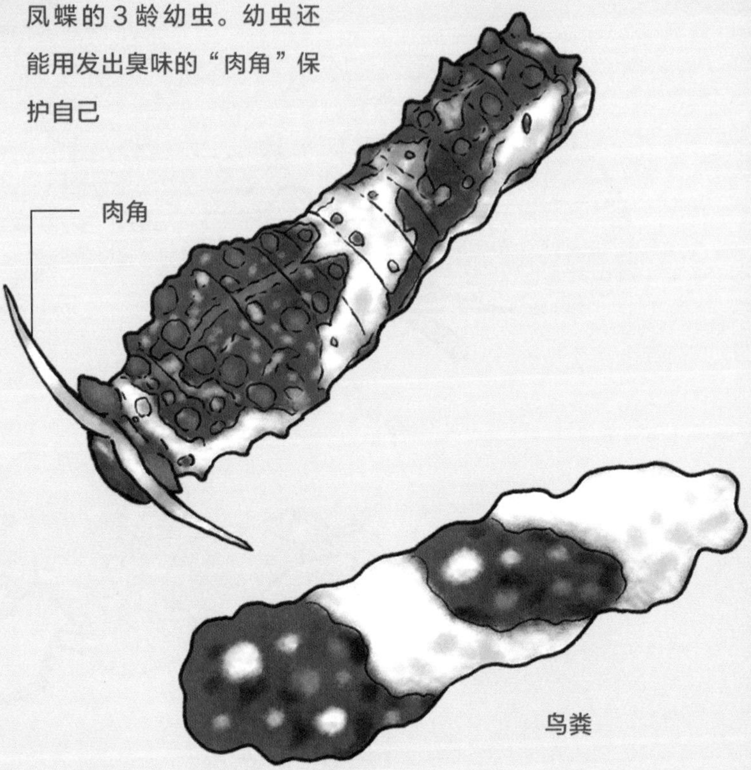

凤蝶幼虫经过四次蜕皮后会变成蛹，然后羽化为成虫。其青虫模样的“老熟幼虫”想必大家都很熟悉，不过在此之前，它的模样却不一样，完全是黑白相间、疙疙瘩瘩的样子。

凤蝶幼虫黑白相间的样子极像鸟粪，就连它的天敌鸟类也会误以为是鸟粪而让它逃过一劫，真是一种超级“粪便隐术”。像这种模拟其他事物而不让自己暴露的状态叫作“拟态”。

凤蝶幼虫的这种颜色是幼时分泌的激素造成的，而老熟时突然变成绿色，则是因为幼虫不再分泌该激素。老熟幼虫全长有 4 厘米左右，如果还保持鸟粪的颜色的话，这么大反倒更容易暴露自己，不是吗？看来生物的身体还真不简单呢。

★ **分类**：鳞翅目凤蝶科 ★ **大小**：前翅长 40~60 毫米 ★ **分布**：日本、中国等

如此长眠

阿尔卑斯旱獭

哺乳类

虽然抗寒却不耐热，因此多在早晚活动

阿尔卑斯旱獭（tǎ）生活在阿尔卑斯山、比利牛斯山等欧洲著名山脉的高山地带。在这些冬季严寒、常年积雪的地区，阿尔卑斯旱獭的过冬方法就是冬眠。只不过，阿尔卑斯山的冬天特别漫长，因此，阿尔卑斯旱獭的冬眠时间一般会长达半年以上，最长的据说能达到 9 个月。

阿尔卑斯旱獭的冬眠准备从夏末就已开始，它们必须尽可能多吃东西，以增加脂肪。冬眠期间，它们的身体机能大大降低，呼吸会降到每分钟 1~3 次，心跳也会降至 1 分钟 5 次左右，储存的脂肪会一点点被消耗。当阿尔卑斯旱獭从冬眠中醒来时，有时体重会降至原来的一半左右，甚至还会出现因脂肪耗尽而死的情况。看来，跟冬天的这场耐力比拼也是够玩命的。

★ 分类：啮齿目松鼠科　★ 大小：30~60 厘米　★ 分布：欧洲的阿尔卑斯山脉等地

超耐性

与地面永别

库氏掘足蟾

两栖类

干燥时期在土中一动不动

说起蛙类，大家通常会认为它们是生活在水边的动物，实际上，也有很多蛙类，除了蝌蚪期和产卵期以外，是一直远离水边生活的。其中，库氏掘足蟾(chán)就生活在严重缺水的地方，比如沙漠等干旱地带。

作为两栖类动物，库氏掘足蟾生活在这种地方会不会太不适应呢？实际上，它们几乎常年都生活在可以防晒、防风、防干燥的地下。它们像使用农具“铲子”一样，用后肢上的角质突起挖土。

钻入地下后它们就一动不动地待在里面，在地下生活的时间甚至会超过大半生。有时它们甚至近 10 个月不进食，由于体内能够储存脂肪，大膀胱也能储水，因此这种生活是没问题的。它们还会钻入有多重蜕的茧

★ 分类：无尾目锄足蟾科　　大小：5.7~8.9 厘米

繁殖期 2~3 天。雌性并不挑剔
雄性，相遇后立刻交配

里防止水分流失，有如我们在科幻电影中常见的让人类冰冷沉眠的胶囊一样。不过，据说即使这样，有时库氏掘足蟾也会丧失掉身体 60% 的水分。

不过，雨季到来后它们就不能闲着了。因为雨季很短，下雨后它们会立即从地下出来。雌性与雄性交配后将卵产在水洼里。卵经过 3 日左右即可孵化，2 周左右就会成年，绝对是高速度。幼体成年时雨季已结束，而它们也早已钻入了地下。这样看来，它们这地上的生活也实在是太匆忙了。

★ 分布：北美洲南部

储备达人

大更格卢鼠

哺乳类

1 个储藏室能储藏 6 公斤东西。搬运能力不容小觑（qù）

大更格卢鼠生活在白天气温超过 40℃的沙漠或荒地。虽然这些地方的水很稀缺，可它们几乎不喝水也能生存。

它们主要是从食物——植物的种子或叶子中获取水分。不过，植物中所含的水分也很少，因此，它们还会在地下挖掘具有多个仓库的巢穴来储藏种子。

它们对湿度差十分敏感，因此会选择最适宜的储藏室来储藏种子。据说，其中还会有湿度适中、十分利于菌类生长的储藏室，大更格卢鼠会在菌类充分生长、种子营养增加时才将它们吃掉。

不过，遗憾的是，它们所生活的沙漠却常常因为发现石油或是农地开发等遭到破坏，因此它们正处于灭绝的危机中。

★ 分类：啮齿目异鼠科　★ 大小：15 厘米　★ 分布：美国西部

超呼吸

睡吧，乌龟！

石龟 爬行类

冬眠期间几乎不使用身体功能，因此只靠皮肤呼吸和黏膜呼吸就能生存

在水边栖息的石龟能够长时间潜水，有些种类的乌龟甚至能在水中冬眠。跟鱼不同，没有鳃的乌龟主要是用肺呼吸的。不过，也有的是用“皮肤呼吸”（通过皮肤吸取溶于水中的氧）与“黏膜呼吸”（通过喉部和尾部的黏膜把氧吸收到毛细血管）的方式来进行呼吸的，此外还有将头露出水面的“鼻呼吸”，这 3 种呼吸法可灵活运用。

虽然是呼吸专家，不过由于有甲壳，无法像人类一样用肌肉来收缩和舒张肺部，因此石龟是通过从甲壳里伸缩头脚的方式，像泵一样让肺扩张和收缩来呼吸的，有时看上去像四脚挣扎一样，不过它们并不痛苦哦。

★ 分类：龟鳖目龟科　★ 大小：甲长 15 厘米　★ 分布：日本、中国

湿地的摇篮曲

二趾两栖鲵 两栖类

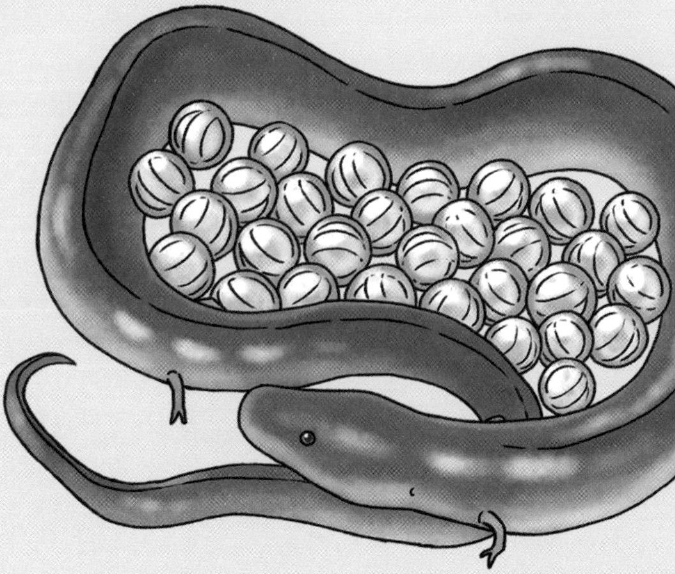

孵卵的二趾两栖鲵

二趾两栖鲵(ní)是一种类似鳗鱼的两栖动物，不过，如果仔细观察，你会发现它竟然有小腿。它们的栖息地也与鳗鱼十分相似，主要是河流、池塘、湿地洞穴以及漂流木头的下面等地方，而且它们也没有两栖类所拥有的眼皮，样子几乎跟鳗鱼一模一样，真是一种奇怪的两栖动物。

虽然它们的生活场所主要在水中，却跟青蛙等两栖动物不同，它们会爬上陆地，在歪倒的树木下面等湿润的场所产卵。成年两栖鲵能用肺呼吸，对干燥有一定的抵抗力，不过它们的卵却没有这个能力。为了预防突然的干燥，母体会守护卵 5 个月直到卵孵化，其湿滑的黏膜还能为卵提供水分。

二趾两栖鲵的脚似乎也没多大用处，明明在水中就可以产卵……真令人费解，不过，也许背后另有原因吧。

★ 分类：有尾目两栖鲵科 ★ 大小：1 米 ★ 分布：美国

复活的干尸

嗜眠摇蚊

昆虫

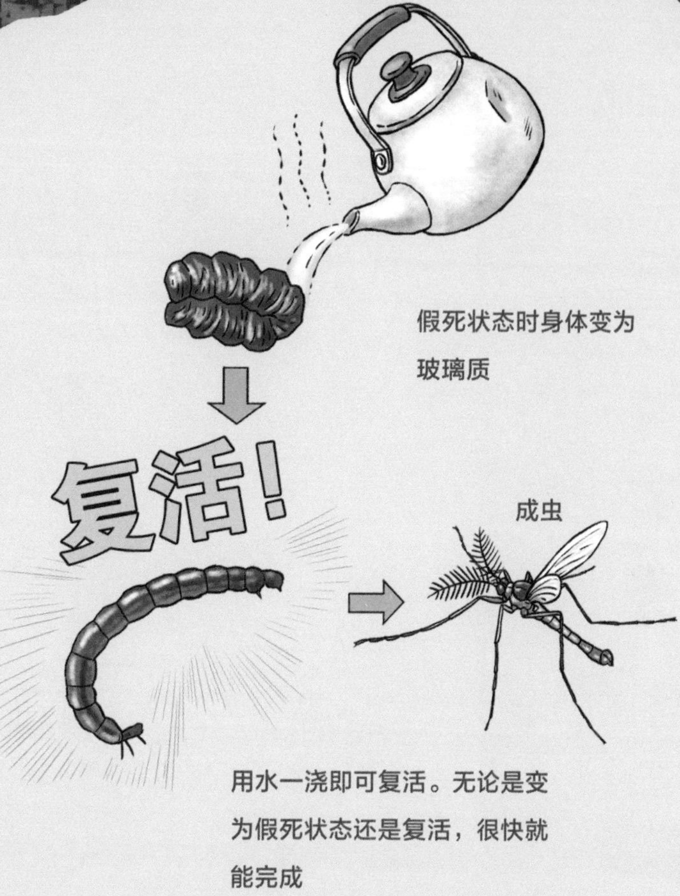
假死状态时身体变为玻璃质
复活!
成虫
用水一浇即可复活。无论是变为假死状态还是复活，很快就能完成

摇蚊生活在无雨旱季长达 8 个月的非洲中部。摇蚊的幼虫经常被作为鱼饵“红虫”售卖。幼虫期在水中度过的摇蚊同类几乎都不耐干燥，不过嗜眠摇蚊的幼虫却能通过变得像干尸一样来度过旱季，一旦有降雨，它们便会立刻复活，继续成长。

现在已经确认，干燥状态的嗜眠摇蚊幼虫即使通过国际空间站，放到真空的超低温宇宙空间后，再拿到合适的环境中也能复活，其耐辐射能力也很强，简直就是不死的昆虫。不过遗憾的是，具备这种干尸化生存能力的只有嗜眠摇蚊的幼虫，它们的卵、蛹、成虫在干燥的状态下都会死掉。

★ 分类：双翅目摇蚊科 ★ 大小：1 厘米 ★ 分布：尼日利亚、马拉维

24小时后的新一代

水蚤 甲壳类

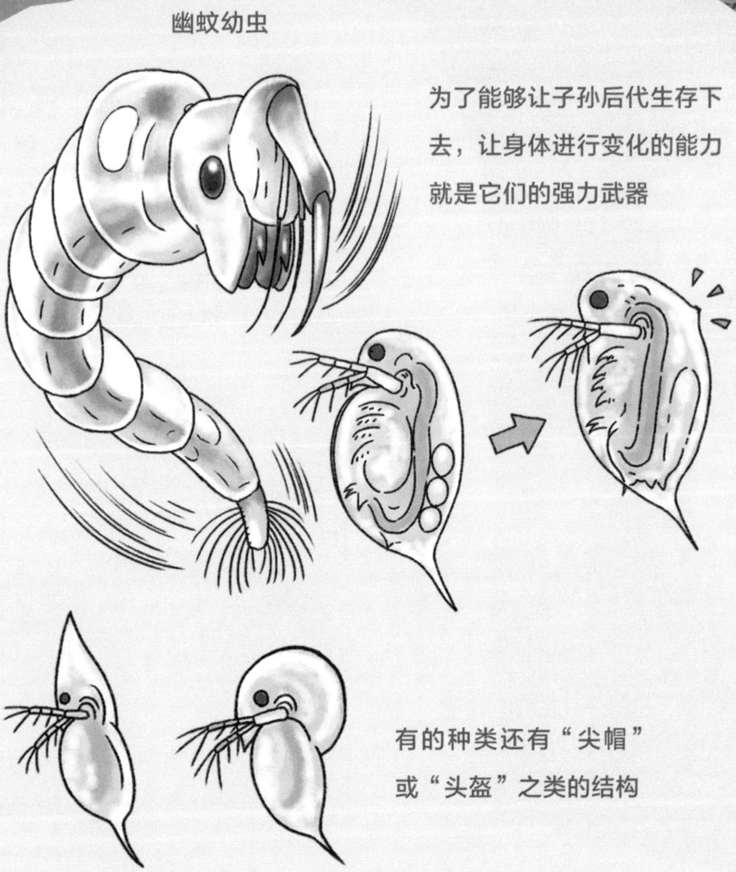
幽蚊幼虫
为了能够让子孙后代生存下去，让身体进行变化的能力就是它们的强力武器
有的种类还有“尖帽”或“头盔”之类的结构

水蚤(zǎo)生活在河流沼泽地带，它们的天敌是幽蚊幼虫。当幽蚊幼虫到来时，总会有些带刺的水蚤出来防御它们，吞食这种带刺的水蚤后幽蚊幼虫就会呕吐。这些带刺形态的水蚤，只是上一代水蚤们在感知幽蚊幼虫散发的物质后所产下的下一代。水蚤从卵中孵化，最快也需要 1 天时间。因此，在此之前带刺形态的水蚤可以被随便吃，不怕会被吃完。

水蚤的繁殖力超强，在全日本的池塘沼泽都能看到。不过，据说，日本的水蚤源自美国，当时只有 4 个雌性个体。有了这样的繁殖力，被吃掉多少都没问题了。而且，经过数代之后，它们还形成了耐高盐环境的种类，这种适应能力真不可小视。

★ 分类：枝角目 ★ 大小：体长 1.5~3.5 毫米 ★ 分布：亚洲等

光的忍者

萤火鱿

软体动物

产完卵的萤火鱿会死掉。日本富山县的“萤火鱿群游海面”现象已被日本指定为国家特别天然纪念物

萤火鱿是生活在200~600米深的海中的一种鱿鱼，从晚冬到春天，它们会聚集到浅水区域产卵。

正如名字中所带的“萤火”二字那样，它们的确会发光。它们体内有一种物质叫荧光素，同时它们能产生荧光素酶，在这种酶的作用下让荧光素发光。由于这种发光方式并不发热，因此它们所发的光被称为“冷光”。

光的强度还可以调节。萤火鱿能灵活运用这种光，既可以唰地一下射向敌人眼睛，也能倏地一下让光突然消失，逃之夭夭，即“隐光术”；萤火鱿还能在白天或月光照亮四周的时候以发光的方式来消除自己的影子，即“隐影术”。这简直就是一名忍者。不过可悲的是，同样是因为这种光，萤火鱿有时也会被人类捕捉或是被作为观赏动物。

★ **分类**：开眼目武装鱿科　★ **大小**：约7.6厘米　★ **分布**：日本海、日本本州、四国近海

超耐压

噩梦的膨胀

变色隐棘杜父鱼

鱼类

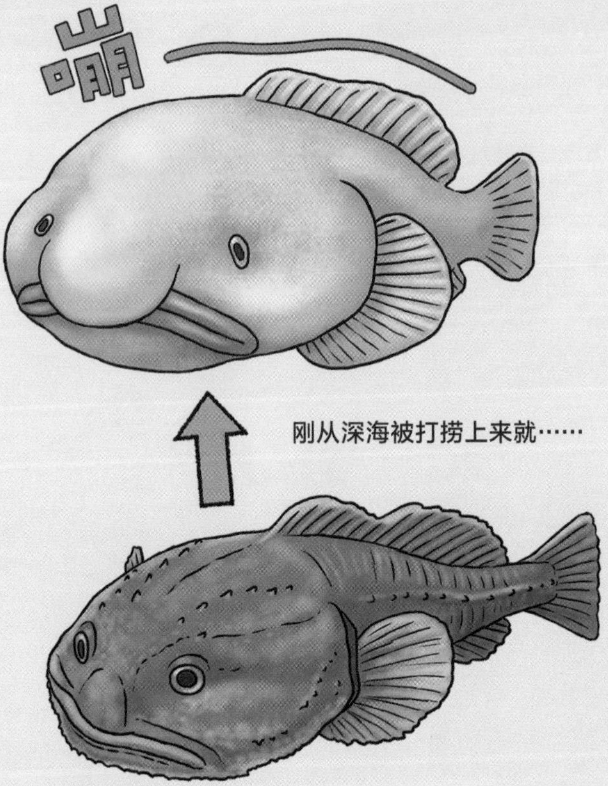

生活在高水压的深海中的鱼类，有的身体是由耐压的蛋白质构成的，有的则没有鱼鳔，总之它们具有各种各样的身体结构。

变色隐棘杜父鱼则是表皮与肌肉之间有很多富含水分的明胶质，能够保持与周围水压的平衡。由于明胶比海水略重，因此无须多用力即可浮在海底附近，十分省力。

不过，一旦被渔船捕获，突然被打捞到浅海水域，这种明胶质就会松软膨胀，让变色隐棘杜父鱼完全变成另一种不同的样子。因此变色隐棘杜父鱼有时也被称为最丑陋的动物。随随便便就将你们捞起来，真是抱歉哦。

★ 分类：鲉(yóu)形目隐棘杜父鱼科 ★ 大小：70 厘米 ★ 分布：水深 800~2800 米的深海

超不冻

透明的血

眼斑雪冰鱼

鱼类

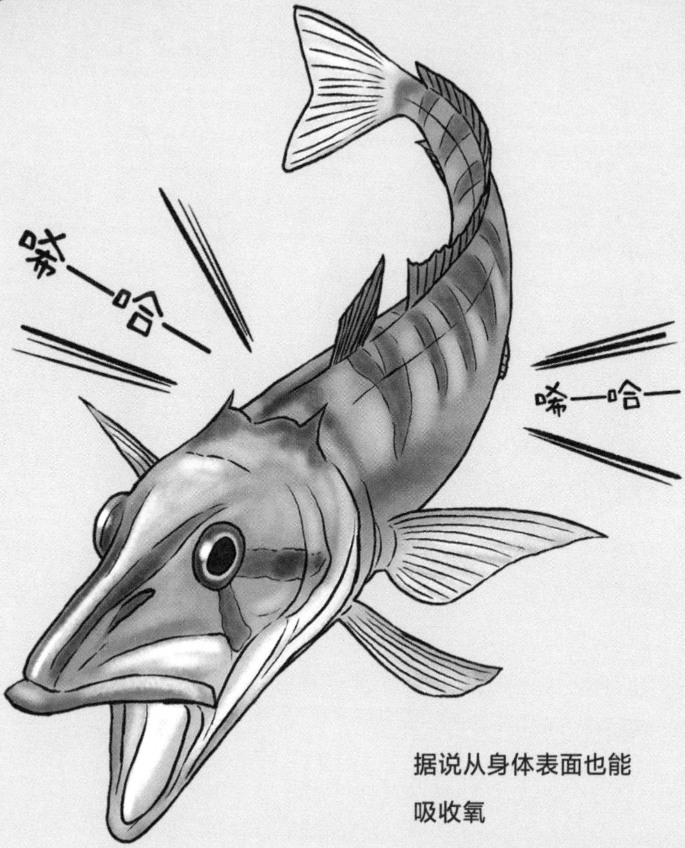

据说从身体表面也能吸收氧

包括人类在内，大多数脊椎动物身上流的血都是红色的。这其实是往全身输送氧的红细胞的蛋白质——血红蛋白的颜色。血红蛋白十分重要，没有它，氧气就无法被输送到大脑，动物就会死亡。

可是，眼斑雪冰鱼的血液却是透明的，里面没有血红蛋白 。由于氧也能溶于血液中的液体“血浆”里，因此，眼斑雪冰鱼是通过用大心脏将大量血液不断输送到全身的方式来供氧的。由于南极的海水中溶有大量的氧，因此，眼斑雪冰鱼并非借助效率，而是靠数量来实现供氧的。同时，它的血液中还含有一种名为“不冻蛋白质”的蛋白质，即使在冰点下的海水中也不会结冰。真是南极特色的身体构造！拥有这种特别的身体构造的眼斑雪冰鱼，在其他地区恐怕很难生存吧。

★ 分类：鲈形目鳄冰鱼科 ★ 大小：55 厘米 ★ 分布：南极海

到这一级后几乎是天下无敌！钻石级的防守！

铜墙铁壁坚固防守！

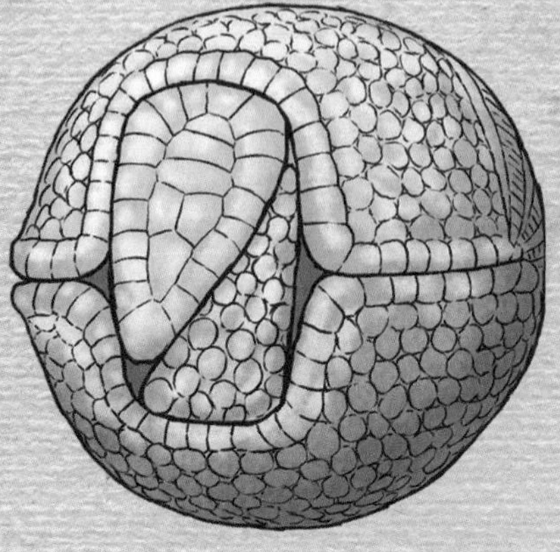

巴西三带犰狳

全身覆盖着坚硬的皮肤鳞甲，连豹子的牙齿都咬不透。蜷成一团时能完全变成一个球体的动物只有巴西三带犰狳了吧。

鳞角腹足蜗牛

不只是坚硬的贝壳，即使用覆盖身体的铁鳞片也能保护自己！已在印度洋深海底被发现。

黑硬象鼻虫

身体像连在一起的两个圆球，十分坚硬，被人类用脚踩都没事。不过黑硬象鼻虫却没有翅膀，所以它不会飞哦。

凤梨鱼

鳞片非常坚硬，还有硬刺，连菜市场的人都不好处理它！

第四章

让人惊叹的求婚·让人惊叹的房子

受欢迎男生入门

生物活着的一大理由便是繁衍后代。为了留下更优秀的后代，多数生物都会选择强壮健康的异性，这样就会留下更强壮的后代。多数情况下都是由雌性选择雄性的。每到繁殖期，为吸引雌性的注意，雄性们或展示华丽的雄姿，或鸣叫，或打斗，开始激烈的竞争。

雄鹿华丽的角不仅是强有力的武器，还是一种雄性强壮的标志。它们与情敌或比较角的大小，或互相顶角，以此来进行战斗。

鸟类也一样，既有像孔雀一样拥有华丽羽毛的鸟，也有像黄莺一样能够婉转地唱情歌的鸟。所有这些都是为了吸引雌性目光，宣示自己的领地。美丽的羽毛与高声歌唱都是自己健康有力的证据。

翠鸟送鱼求爱的“求爱给饵”

有些鸟还会送礼物。雄性翠鸟会用鱼做礼物向雌性求爱，它们其实是想对雌鸟说:“我如此强壮，如此有生活能力，一定会留下强壮的后代的！”

昆虫当中也有像金钟儿一样会高声鸣唱的。它们这么做，就是为了能够在广阔的空间里确定彼此的位置并相会。为争夺雌性，独角仙和锹甲会利用自己的硬实力，用角或大嘴巴将竞争对手扔出去。

还有一些生物，比如有一种蜘蛛，会用一种神奇的舞蹈来求爱，十分有趣。其实这也是进化的结果，只有掌握了求爱秘诀的种类才会留下后代。

雄性与雌性，具有不同遗传基因的双方通过邂逅(xiè hòu)并产生后代的方式，让遗传基因形成多样性。出生的后代具有多种特征，才会适应环境的变化。为了将更多后代留到后世，生物们在求偶方面会拼尽全力。

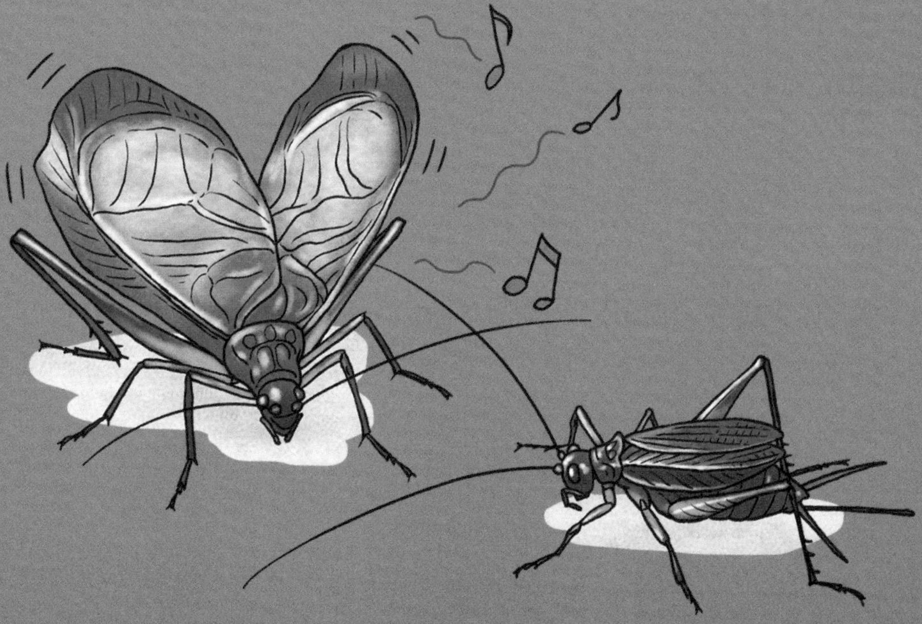

雄性金钟儿的翅膀进化得能发出明亮的声音

超高音

雄赳赳的演奏家

梅花翅娇鹟

鸟类

发音高超的最受欢迎

鸟类中的振翅频率冠军当属蜂鸟，1 秒钟能振翅 50 次，多的时候甚至达到 80 次。不过，如果将不飞时的振翅频率也算进去的话，世界第一当属梅花翅娇鹟，它每秒钟能振翅 107 次。

如此高频的振翅当然是为了吸引雌性。梅花翅娇鹟左右翅拍打时会发出“叮”的高亢金属音。其翅羽的轴上有一部分像锉刀，声音就是用羽毛摩擦“锉刀”发出来的，就像金钟儿和蟋蟀一样。

为实现高速振翅，梅花翅娇鹟胸部肌肉十分发达。不过话说回来，它们的飞行能力却不怎么样。高速振翅会消耗体力，一旦振翅的时候有敌人出现，梅花翅娇鹟能不能逃得掉呢？还真令人担心呢。

★ 分类：雀形目娇鹟科 ★ 大小：9.5 厘米 ★ 分布：厄瓜多尔、哥伦比亚

恋爱中的卖弄风骚者

孔雀蜘蛛

蜘蛛类

这舞蹈般的细微动作和震动，是向雌性发出的挑逗

孔雀蜘蛛是我们在家时经常能看到的那种小跳蛛的同类，是一种在草木上或地上四处觅食的蜘蛛。

雄性孔雀蜘蛛的颜色十分艳丽。它们腹部的左右两侧折叠着一对鱼鳍(qí)般的结构，展开时像华丽的旗子。遇到雌性时，雄蛛会将前数第 3 对足高高举起左右摇摆，并抬起腹部，展开“旗子”跳舞。这对旗子只为求偶而生，也是进化的结果。可见求偶是多么重要。

据说，即使雄蛛如此卖命地求偶，有时也会遇到雌性的冷眼。此时雌蛛才是天生的猎手，而雄性，虽然名为雄性，却只能沦为猎物。这便是蜘蛛的世界，即使求偶都如此拼命。

★ 分类：蜘蛛目跳蛛科 ★ 大小：2~6 毫米 ★ 分布：澳大利亚

园艺师的宅邸

褐色园丁鸟

鸟类

“园丁鸟”的名字恰如其分！
雄鸟的小屋各具特色

园丁鸟别名造园鸟或造屋鸟。人们通常认为鸟只会筑巢，可园丁鸟所造的却不是普通的巢，而是小屋。

为吸引雌鸟，雄鸟首先会打扫落叶和枯枝，造一个直径1~3米的院子，然后再收集枯枝建造小屋。

其中，褐色园丁鸟的小屋甚至还有屋顶，十分坚固。另外，褐色园丁鸟还要摆放许多颜色鲜艳的树木果实和花朵、蘑菇、昆虫翅膀等，装点环境。

雄鸟这样做是为了向雌鸟展示：我能建造豪宅，领地也十分广大，足以找到这么多漂亮的东西；另外我还有用不完的体力和采集能力。

★ **分类**：雀形目园丁鸟科 ★ **大小**：25 厘米 ★ **分布**：新几内亚岛

同类的缎蓝园丁鸟有一种偏好，即使是鸟毛、瓶盖之类的东西，也只收集蓝色的

大亭鸟只收集蜗牛

雄鸟的献殷勤远未结束。它还会在小屋周围夸张地跳舞，模仿动物的叫声、响声，甚至是机器的声音来吸引雌鸟。善于模仿也是一种优点的展示，以此向雌鸟表示，“看，我多么聪明，经验多么丰富”。

雌鸟会对数只雄鸟进行考察，不久便会朝心仪的雄鸟走去。不过，据说，雌鸟会另行建造产卵用的巢。那么，费力建造的这小屋到底有什么用呢？不过，华丽的房子也确实易被敌人发现，因此，另建一个巢的做法也就不难理解了。

超保温

生物摇篮

丛冢雉

鸟类

从筑巢到巢的维护都是雄鸟的工作，
雌鸟只负责产卵

鸟本来是以孵卵的方式让雏鸟破壳而出的，可丛冢(zhǒng)雉(zhì)却不孵卵。难道它们要放弃育儿？不！它们是用另一种令人惊叹的方法孵卵的。

雄性丛冢雉不断向后刨落叶，建一座山一样的“家”。“家”的直径4~6米，高1~2米，总重可达2~4吨，被誉为鸟类中最大的构造物。然后，数只雌性丛冢雉就会来到这座气派的“家”，与雄性丛冢雉交配之后将卵产在“家”里，然后盖上落叶离去。卵一般有20个以上，多的时候能达到50个。

不久，落叶就会发酵，丛冢雉的卵就是靠此时产生的“发酵(jiào)热”来孵化的，简直就是一座生物技术孵化器！丛冢雉究竟是如何知道这一方法的呢？实在不可思议。

★ 分类：鸡形目冢雉科 ★ 大小：70厘米 ★ 分布：澳大利亚

雏鸟在卵里完全长大后才孵化出来。因此，即使是刚孵化出来的雏鸟，逃离“虎口”的可能性也很高，它们会以最快的速度逃离父母身边

“家”的维护也是雄鸟的工作。“家”内部的温度要保持在33~36℃，高了就通通风，低了就再堆些落叶促进发酵。或许有人会觉得，自己孵卵不是更轻松吗？其实，这种做法也有优点：可同时孵化大量的卵，同时，没有引人注目的防护措施的卵还不会被敌人盯上。

卵孵化时长为 7 周，孵化出的雏鸟要依靠自己的力量从“家”里出来。不过，如果“家”里的洞太深，就会有一些雏鸟还没等出来就耗尽了力气。并且，据说由于父母看不到孵化的瞬间，有时还会认不出自己的孩子而驱赶雏鸟。雏鸟来到地面后必须以最快的速度逃命。因此，从亲子关系的方面来说，这种鸟还真是残暴呢。

超发泡

泡泡城

柳沫蝉　昆虫

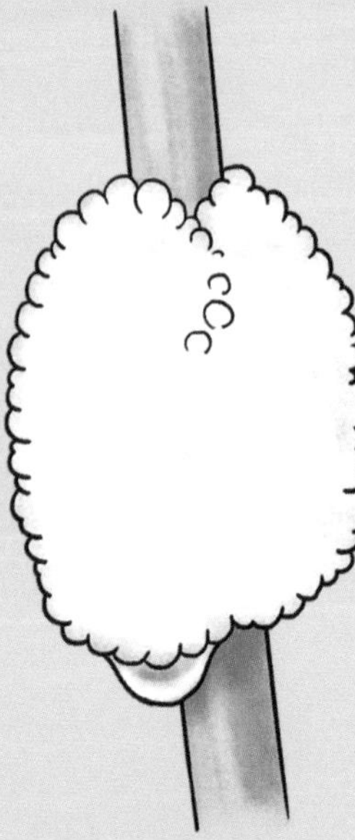

泡沫里含有幼虫体内排出的蜡一般的成分及蛋白质等，不易破损

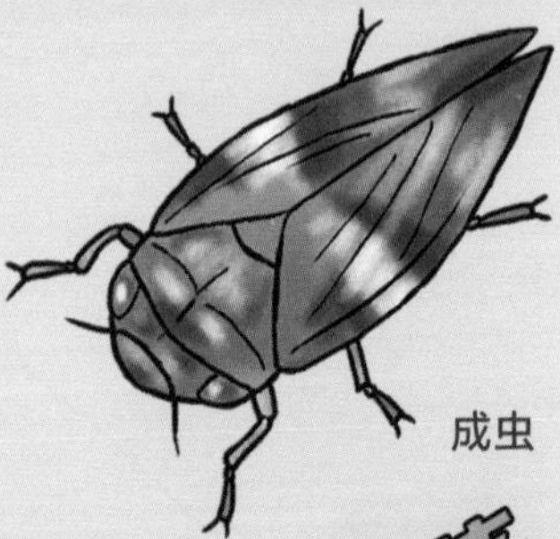

成虫

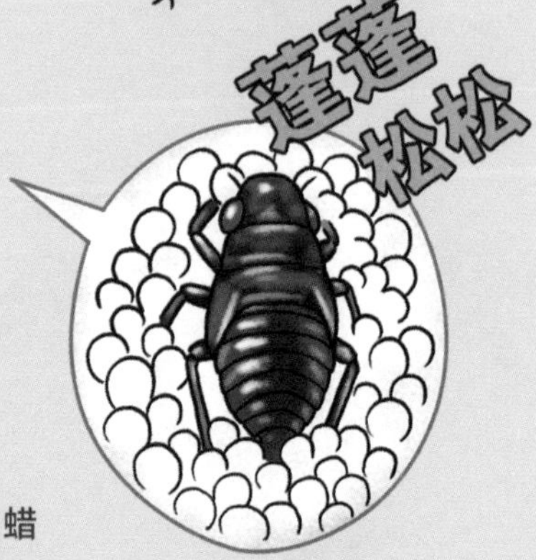

泡沫中的幼虫

在春夏季节，大家有没有看过草茎或草叶上粘着一团泡沫的情形呢。一种名叫柳沫蝉的昆虫幼虫就生活在这泡沫里。

柳沫蝉与蝉十分相似，它的幼虫会把尖细的嘴巴刺进植物里吸取汁液。当它们吸收完汁液里的营养，将没用的水分从尾部排出时，会把空气混进里面，从而制造出蓬松的泡沫。

这些泡沫很结实，不易破损，即使我们用嘴使劲吹都吹不散。泡沫可以保护幼虫免遭干燥和炎热之苦，即使天敌蚂蚁想突破这一障碍，也会因为呼吸气门被泡沫阻塞而窒(zhì)息。

尽管“泡泡城”这几个字听着有种浪漫的感觉，但是它的材料却是尿液……嗯，这样到底好不好呢？还真是有点烦人呢。

★ 分类：同翅目沫蝉科　★ 大小：11~12 毫米　★ 分布：中国、日本等

森林里的地下农场

切叶蚁 昆虫

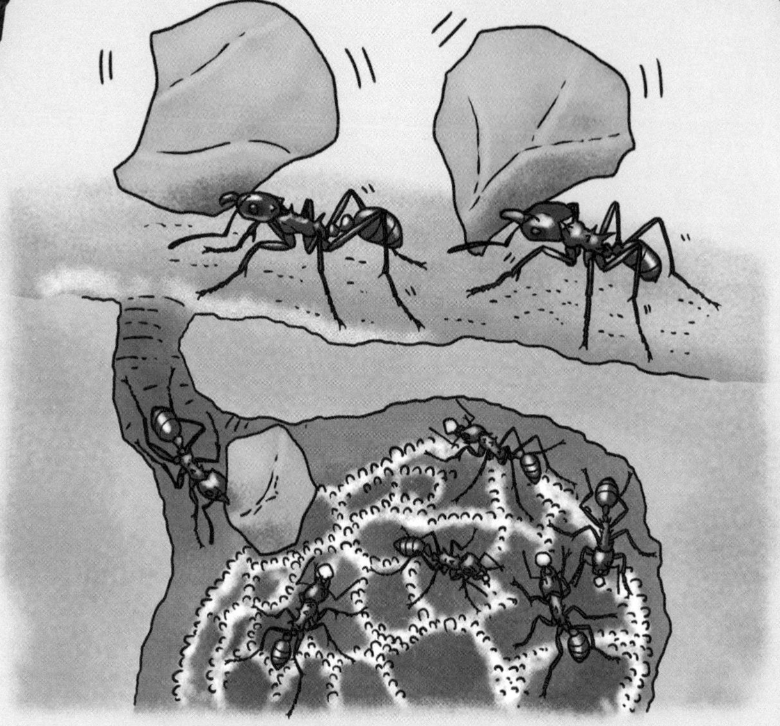

运输叶片的工蚁为方便运输，会先将落叶收拾一下，还有一些工蚁是专门负责修路的

切叶蚁成群结队匆忙运输叶子或花朵的情形，是南美洲常见的场景。它们能用巨大的颚切取树叶和花朵，然后运进像家一样的巢里。

巢里有的地方塞满了海绵状的东西，这是一种真菌，以切叶蚁运来的树叶为肥料生长。蚁后和幼虫只吃这种真菌。原来，工蚁们是在为真菌运输食物，是在栽培食物啊，真令人惊叹！这里简直就是一个拥有蘑菇农场的蚁穴！

据说，当新的蚁后产生，要独立营造新巢的时候，它会独自衔上一块真菌上路。在最初的工蚁出生前，蚁后需要独自栽培真菌 40~60 天。等工蚁出生后，蚁后前后还要产 2 亿粒卵呢。看来，蚁后也是很辛苦的。

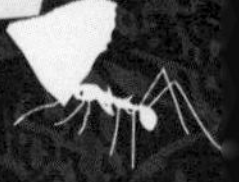

★ 分类：膜翅目蚁科 ★ 大小：2~25 毫米 ★ 分布：美洲大陆

草原上的大型住宅区

黑尾草原犬鼠

哺乳类

巢穴里拥有幼崽房间、寝室、食物仓库等若干房间。最大的黑尾草原犬鼠种群可达 4 亿只。不过，由于农场开发等原因，据说这个种群剩下的已不到 5%

生活在北美大陆的草原地带——“北美草原”上的草原犬鼠，由于敌人接近时会发出一种类似犬的叫声来警戒，因此别名“草原犬”。可实际上，黑尾草原犬鼠却是松鼠的同类。它们会挖掘一种有多个房间的隧道状巢穴，过群居生活。

黑尾草原犬鼠的族群一般由 1 只雄性、3~4 只雌性以及幼崽们构成。多个族群的巢穴可以汇在一起，形成一片可容纳数百只黑尾草原犬鼠的大型社区。社区的面积可达 1.3 平方公里，堪称“城镇”。不过遗憾的是，黑尾草原犬鼠洞边那些挖出来的泥土却成了北美野牛最喜欢的玩沙场。这对黑尾草原犬鼠来说的确是一件麻烦事。不过，黑尾草原犬鼠朝野牛们怒吼的样子，想必也十分可爱吧。

★ 分类：啮齿目松鼠科　大小：28~33 厘米　★ 分布：美国

拾遗的达人

穴小鸮

鸟类

由于土拨鼠的减少导致巢穴不足，穴小鸮的数量也在减少

穴小鸮(xiāo)是一种生活在草原上的有点另类的猫头鹰。它们的活动时间是白天，巢穴则在地面上。它们以洞穴为家，在洞穴里养育儿女，食物主要是地上的昆虫等小动物。穴小鸮会在草原上四处寻觅，趁昆虫受惊飞起时迅速将其捕获。

这种奇怪的猫头鹰在捕捉昆虫时还会使用工具。它们会将北美野牛等哺乳动物的粪便放在巢穴周围，吸引昆虫并进行捕捉。由于粪便会发酵放热，穴小鸮还会在巢穴里面也撒一些，利用这种热量保持温暖。粪便可用作供暖，简直就是一种生物燃料。

它们名字虽叫穴小鸮，却擅长利用土拨鼠遗弃的巢穴，真机灵！

★ 分类：鸮形目鸱鸮科　大小：24 厘米　★ 分布：南美洲、北美洲

恐怖的地球家族

阿根廷蚁 昆虫

一旦发现这种外来生物，必须立即清除，不过却很难清除。它们会破坏生态系统、侵害农作物等，产生诸多问题

由于爆炸性的超强繁殖能力，阿根廷蚁已成为一个世界性问题。虽然它们并不像红火蚁那样有毒，但是它们的大嘴巴强劲有力，不仅昆虫，连家畜甚至人类都敢咬。还有，它们的数量之多比红火蚁还可怕。那么，它们是如何繁殖到如此庞大的数量的呢？

多数蚂蚁都是由一只蚁后与许多工蚁构成一个社区，与其他蚂蚁（即使是同一种蚂蚁）的社区呈敌对关系，一般是不可能共同生活的。阿根廷蚁却不同，即使其他阿根廷蚁蚁穴的工蚁进入它们的蚁穴，它们也能接纳。阿根廷蚁各社区之间不会互相争斗，反倒会彼此挨在一起，环境一旦恶化还能搬到别的蚁穴去，因此，一个阿根廷蚁蚁穴里常常会有数只蚁后，形

★ 分类：膜翅目蚁科 ★ 大小：工蚁 2.5 毫米 ★ 分布：南美洲

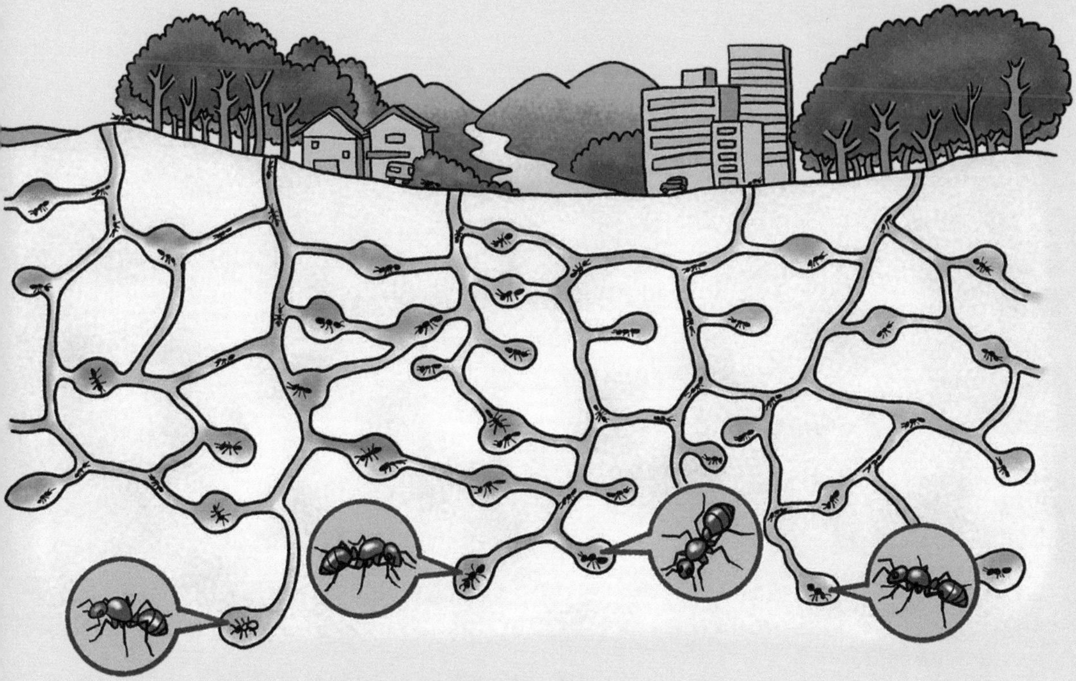

有的超级社区里甚至有 1000 只以上的蚁后

成一个“超级社区”。

欧洲南部有一个阿根廷蚁超级社区，纵横 6000 公里，十分有名。据说，日本也有一处，从山口县一直绵延到爱知县，长达 400 公里。而在其原来的生息地——南美洲大陆，这种超级社区之间却是敌对的，它们的数量并未爆炸性增长。不过，进军海外的蚁群是由有限的蚁群繁衍开来的，因此彼此之间不会因为食物等发生争斗，可持续繁衍。

阿根廷蚁的新蚁后明明有翅膀，可不知为何并不会飞。蚁后在地下与雄性交配后翅膀便会脱落。倘若能飞到别处营造新蚁穴，它的侵略性就更恐怖了。幸亏这翅膀没有用！

海底的怪圈

白斑河豚

鱼类

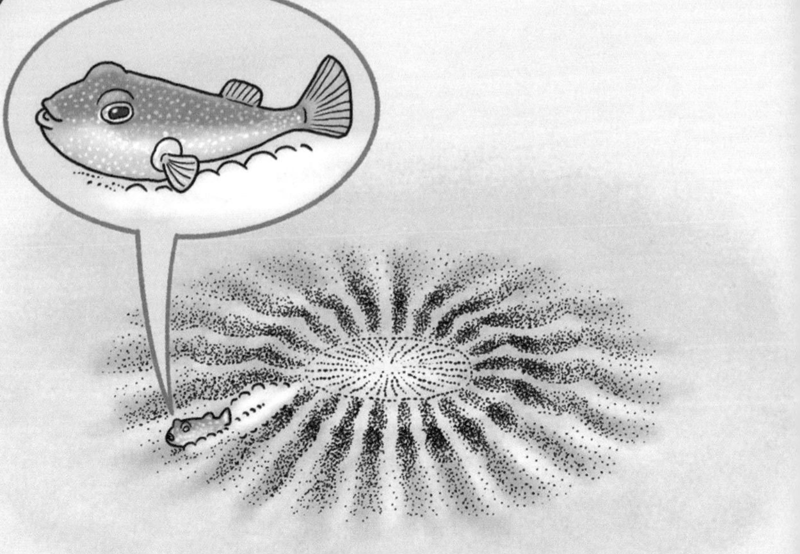

也有观点认为，无论海流从哪个方向流过来，放射状的巢都能促使新鲜海水流向巢中心

1995 年前后，人们在奄美大岛和琉球群岛海底发现了一种神秘图案。图案的制作者是谁，20 多年来一直是个未解之谜。最近，谜底终于揭开，原来，这些图案的制作者竟是一种小小的河豚?!

白斑河豚是 2014 年才报告的一个新物种。为了吸引雌性产卵，雄性河豚会造一个产卵用的巢——一个直径 2 米左右的圆。造巢时，雄性河豚会摆动胸鳍和尾鳍，在海底的沙地上蹭来蹭去，从中心呈辐射状往外画线。并且，雄性河豚还会打碎贝壳，加以装饰。

雌性河豚满意后，便会在巢中心产卵。产卵期间，为确保受精，雄性河豚有时还会咬住雌性使其固定。筑巢要花费 1 周多的时间，的确很辛苦。不过，河豚的牙齿十分尖利，真希望雄河豚下嘴的时候能温柔一点。

★ 分类：鲀形目鲀科 ★ 大小：12 厘米 ★ 分布：琉球群岛周边

泡泡筏

紫螺

软体动物

颜色为淡紫色。由于与牵牛花颜色相似，因此得名“牵牛花蜗牛”

贝类中有些种类过着漂浮生活，紫螺便是其中一种。这种蜗牛能够从足上冒出一种小泡泡，将自己的身体悬挂在泡泡下面并漂浮在水面。由于黏稠的泡泡极易粘连，因此它们有时会连成一大群，有如一片泡泡住宅区。它们的卵也会产在泡泡上。

尽管分布在全世界的温带或热带海洋中，紫螺却只能随波逐流，自己无法决定漂流方向。它们以同样在水面漂浮的僧帽水母等生物为食。总之，它们一生都在海上漂泊。

身为贝类，紫螺的壳却又薄又脆，还很轻，这样虽然有利于漂浮，却不抗强风。大风过后，它们有时会大量地被打上海岸。流浪生活看似逍遥，其实也没有那么自由啊。

★ **分类**：腹足纲紫螺科 ★ **大小**：壳径 2.5 厘米 ★ **分布**：温带、热带的海洋表层

动物们令人惊叹的筑巢技术！

有趣的巢、令人惊叹的巢，比比皆是！

瞧，这些戏剧般的“巧匠”的“本领”！

河狸的水坝

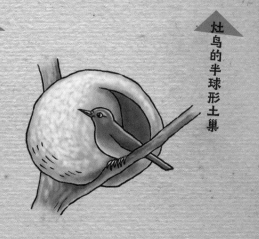

河狸能够“砍伐”树木，阻断河水建造水坝，然后在水库的中央筑巢。这样的家十分安全，敌人无法接近。

灶鸟的半球形土巢

灶鸟会在高高的树上用泥巴和粪便筑造坚固的半球形巢。用完的巢还可以给其他动物使用哦。

白蚁建造的巨塔

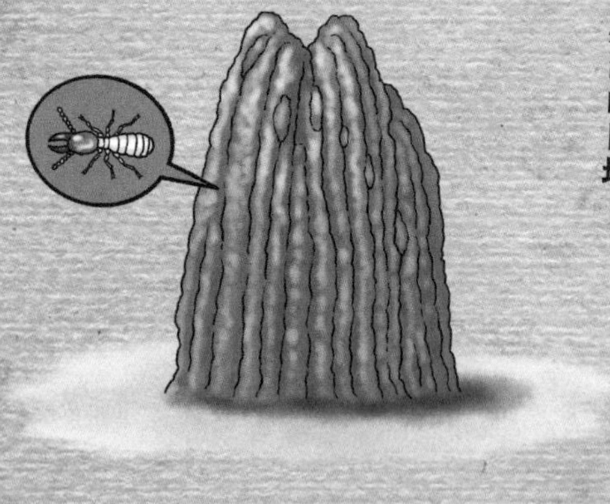

澳大利亚和非洲干燥地区的白蚁会用唾液和泥建造巨大的“蚁冢”。这样的巢通风好，还能保持恒温，有如带空调的房子。

金丝燕的巢，真相？保密！

雨燕的同类金丝燕会在洞窟中筑造圆巢。尽管这种巢是中华料理的高级食材，实际上却是用金丝燕的唾液造的。

第五章

让人惊叹的育儿·让人惊叹的成长

代际的接力

多数哺乳类动物和鸟类的孩子要么受父母保护，要么受父母精心哺育，总之，它们都是在父母的精心照顾下长大后独立的。这种方式可以提高后代的生存率，让自己的种族更加繁荣。这都是进化选择的结果。

不过，并非所有动物都会这样精心照顾孩子。被指定为“特别天然纪念物”的日本特有物种——琉球兔，它们的宝宝就必须在漆黑的洞中等待一两天后，才会迎来喂奶的妈妈。妈妈的喂奶时间只有短短数分钟。离开巢穴时，妈妈要再次将洞口埋严实。其实，这么做也是为了避免敌人——日本原矛头蝮循气味追来。无论宝宝的身体里还是妈妈的乳汁成分里，都含有一种让宝宝有高耐久力的物质，能让它们坚持到下次喂奶的时间。

填埋洞穴的琉球兔妈妈。据说光填埋就要花 20~30 分钟

即使哺乳类和鸟类以外的动物，有些也会精心养育孩子。比如北太平洋巨型章鱼，雌性能在产卵场的岩穴里守护 1 个月左右，保护自己的卵不受敌人侵害，它们还会给卵送去新鲜的水。在看到卵孵化后，自己便会耗尽气力而死。

虽然也有那种“产完卵后就不管了”的类型，不过，自然界可不会这么仁慈，自己啥都不管孩子们就能长大。翻车鱼等动物就采用一种“以量取胜”的方式，一次产下数亿颗卵。另外还有采取“继承”方式的，比如粗切叶蜂会给将来的宝宝提前备好花粉团和被麻醉的青虫。

孩子在成年之前，总会遇到各种困难。只有那些生存率高的物种才能够被选择留下来，生存到今天，这就是进化。下面，就让我们看一看动物们的育儿与成长吧。

“以量取胜”的翻车鱼

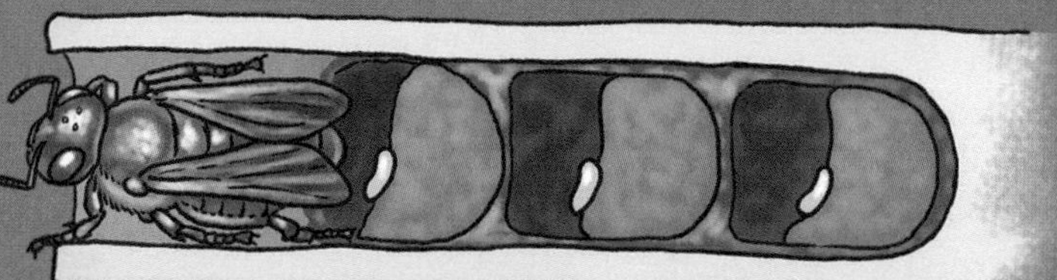

为孩子准备花粉团的粗切叶蜂采取“继承”方式

超大卵

森林里的大蛋

大斑几维鸟

鸟类

羽毛没有分叉，像哺乳类的毛一样

原本没有天敌，可由于人类带来的猫和老鼠，现在这种鸟已濒临灭绝

身体上有大斑点的不会飞的鸟——大斑几维鸟，是一种奇怪的鸟。其他不会飞的鸟好歹都有翅膀，可大斑几维鸟的翅膀却小得只有 2 厘米。鸟的视力一般都很好，可大斑几维鸟的小眼睛视力很差。不过，由于是夜行性动物，它们似乎也不在意视力的好坏。

不过，大斑几维鸟的嗅觉十分发达，它们的鼻孔长在长喙前端。作为鸟类来说，这一特征也很奇怪。大斑几维鸟会把喙插进地里，靠气味寻找蚯蚓、昆虫、果实等。并且，它们还能感知猎物发出的震动。喙周围的长须还是一种传感器，能帮助寻找猎物。

更为奇怪的是，大斑几维鸟产的卵实在太大。

大斑几维鸟母体体重才 2 千克，可卵的重量却有 400 克，居然是体

★ **分类**：无翼鸟目无翼鸟科 ★ **大小**：50 厘米

由于卵太大，即使雄鸟和雌鸟一起孵卵，也无法温暖整个卵
成鸟
卵
雏鸟孵化后 5 天左右就可以自己寻找食物

重的 1/5。鸡蛋的重量大约为母鸡体重的 1/33。因此，大家就能想象出大斑几维鸟的卵到底有多大了。

当然，大斑几维鸟妈妈也很辛苦。由于卵会压迫身体，它们甚至无法进食，只能依靠消耗脂肪，并且，产卵后的大斑几维鸟体温也比其他鸟低，因此要花近 80 天才能将卵孵化。

出现这种独特进化的原因，或许是它们所处的地方周围被海洋隔断，没有天敌的威胁。不过，就算没有天敌，为什么不朝着更轻松点的方向进化呢？着实让人费解。顺便说一句，由于奇异果（kiwi fruit）的外形跟大斑几维鸟（kiwi）很相似，便得了“kiwi”这个名字。不过，两者当中，几维鸟才是鼻祖呢。

★ **分布**：新西兰

神踢老爸

双垂鹤鸵

鸟类

据说，双垂鹤鸵不吃的果实只有 4% 的发芽率，被其吃过后发芽率会高达 92%

双垂鹤鸵曾作为“世界第一危险的鸟”荣登吉尼斯世界纪录。它的腿十分粗壮，脚力也大，3 根脚趾中内侧的长爪是强有力的武器。双垂鹤鸵愤怒时甚至能把人踢死。

双垂鹤鸵的雄鸟，从筑巢到孵卵再到育儿，样样都干。在雏鸟长大离开父母前的 9 个月里，雄鸟会一直精心照料，甚至还会去驱赶天敌巨蜥。在此期间，雄鸟甚至不大进食，身体严重消瘦。

双垂鹤鸵平时以热带雨林中的森林果实为食，通过排便撒播种子，对培育森林也起着重要作用。其实，它们只是由于消化能力弱，直接将种子排出来而已。

★ **分类**：鹤鸵目鹤鸵科 ★ **大小**：150 厘米 ★ **分布**：澳大利亚、新几内亚岛

托儿所在口中

达尔文蛙

两栖类

在口中能养育大约 20 只蝌蚪。蝌蚪以卵中的胶质物和雄蛙鸣囊中的分泌物为食

达尔文蛙生活在南美洲最南端树林的河流中。雌蛙产卵后迁徙到别处，雄蛙则会等待 20 多天，直到卵中的孩子们会动。等孩子们会动后，雄蛙就会将卵衔到嘴里，放进喉咙中一个名叫“鸣囊”的袋子里。“鸣囊”原是用来鸣叫的，雄蛙却将其用作摇篮。然后，卵会继续孵化。从蝌蚪到幼蛙，前后 50 天的时间，它们全都在雄蛙口中发育。

当幼蛙从雄蛙嘴里出来时，体长已达到 1 厘米左右。这种精心抚育虽然提高了孩子的生存率，不过，由于雄蛙的体长才 3 厘米，那么多大孩子全装在一个喉咙里，想象一下，真让人于心不忍。

★ **分类**：无尾目尖吻达蛙科 ★ **大小**：2.5~3 厘米 ★ **分布**：智利、阿根廷

超咒术

美丽的死神

疏长背泥蜂

昆虫

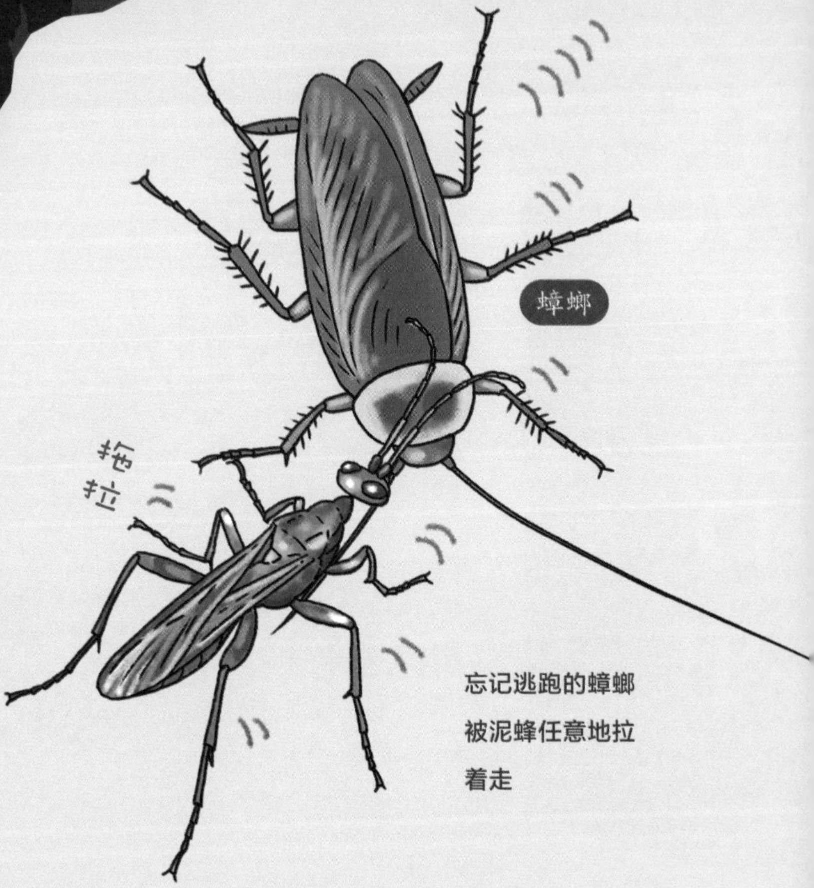

忘记逃跑的蟑螂被泥蜂任意地拉着走

疏长背泥蜂在英文里又叫“宝石蜂”，是一种美丽的翠绿色的蜂。不过，其幼虫却以蟑螂为食。

母蜂攻击个头大于自己的蟑螂时，首先将毒针刺入蟑螂的胸部使其麻痹(bì)。如果就这样抱着蟑螂飞行的话，肯定太重。那么，该怎么办呢？此时，疏长背泥蜂会朝蟑螂的头部再刺一针，只瞄准其指挥运动的神经部位，精准地注入毒素。

不久，蟑螂身体的麻痹解除，虽然能活动，却是一种不会逃的“丧尸”状态。母蜂拉它的触角，蟑螂就会用自己的腿，跟着疏长背泥蜂慢慢走！

★ **分类**：膜翅目泥蜂总科　**大小**：体长 17 毫米

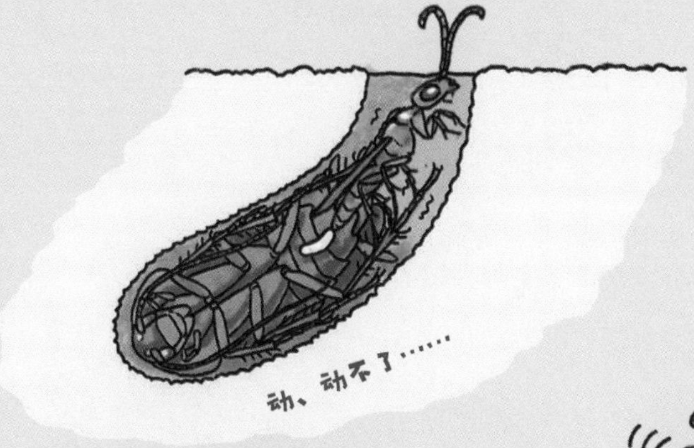

母蜂在半死不活、行动迟缓的蟑螂上迅速产卵

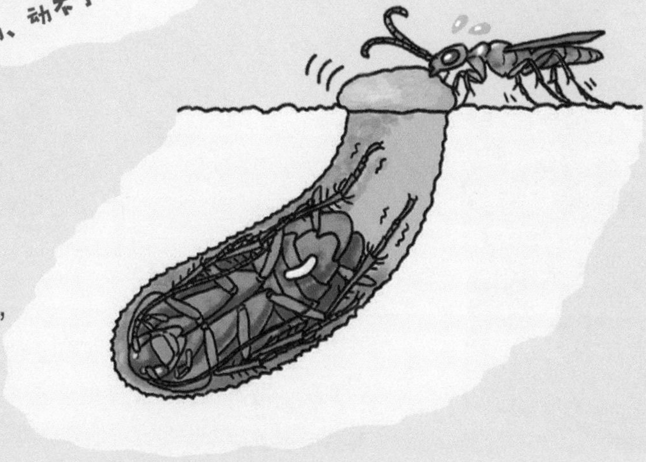

产卵后给巢穴盖上盖子，然后离去

疏长背泥蜂的巢是利用树洞或建筑物缝隙等建造的。母蜂将卵产到蟑螂身上，然后给巢穴盖上一个盖子。在此期间，蟑螂会呆呆地一动不动。

3 天后，从卵中孵化的疏长背泥蜂幼虫会钻进蟑螂的腹中，从里面吃蟑螂的肉体，在确保蟑螂不被吃死的状态下连吃 8 天，直至自己长大。由于蟑螂并没有死，幼虫随时都会有新鲜食物。然后，幼虫就在蟑螂的身体里化蛹，变成成虫来到外面。这俨(yǎn)然是电影中的异形。活活地被吃掉，这种场景光是想想就令人毛骨悚(sǒng)然啊。

★ **分布**：日本、朝鲜半岛、中国

秘密的侵略

捻翅虫 昆虫

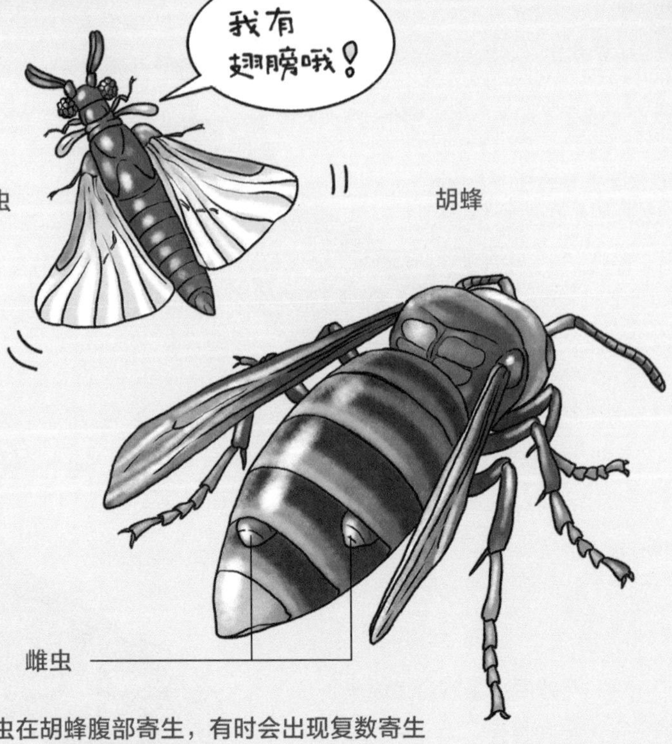

雌虫在胡蜂腹部寄生，有时会出现复数寄生的现象。被寄生的胡蜂丧失了工作的本能，寿命反倒延长了

捻(niǎn)翅虫能将自己的身体嵌入胡蜂的腹部，靠吸取胡蜂的营养生活，只把脸露在外面。雌虫是完全寄生性，因此不仅没有触角、眼睛、口、足，甚至连生殖器都没有。雄虫会将生殖器插入雌虫的头部，精子被送入雌虫体内后在卵巢完成受精过程。数量超过 1000 个的卵会在雌虫体内产生。出生后的幼虫会吃掉母亲然后从母体内出来，恐怖吧？

幼虫有脚，从母体内出来后会寄生到别的胡蜂身上。雌幼虫会继续寄生；雄幼虫羽化后会飞走，潜伏在树叶等处等待胡蜂，然后拼命抱住路过的工蜂，进入蜂巢里与雌虫交配。不过，成年雄虫的寿命短得惊人，只有 4 个小时左右。实在是“虫生”太匆匆。

★ 分类：捻翅目捻翅科 ★ 大小：♂ 3 毫米 ♀ 6 毫米 ★ 分布：日本等地

超黏液

果实的陷阱

槲寄生

植物

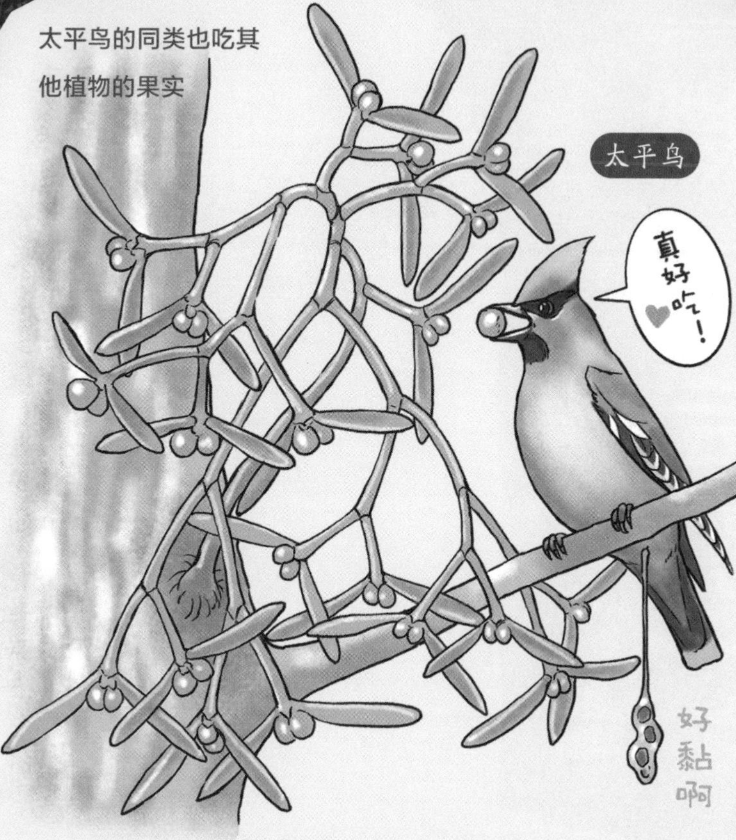
太平鸟的同类也吃其他植物的果实
太平鸟
真好吃！
好黏啊

在树叶落光的冬季树林里，倘若只有部分树枝仍保持着青枝绿叶，说不定就是一种名为“槲(hú)寄生”的寄生植物呢。它能将一种叫“寄生根”的根扎到其他树木里，从树皮下面吸收水和养分。

不过，究竟是谁把它的种子给撒到树上的呢？答案是鸟。有一种叫太平鸟的鸟类十分喜欢槲寄生黄色或橙色的甜味小圆果。虽然吃起来很痛快，但是槲寄生的种子是被黏糊糊的液体包着的，当未被消化的种子被排出来的时候，会黏糊糊地挂在鸟屁股上。如果顺利的话，这些种子就会被粘在树枝上，然后发芽。

一方提供食物，另一方助其扩大生育范围，实在是一种完美的互助。不过，种子悬挂在屁股上的样子，可是有点丢人哦。

★ **分类**：檀香目桑寄生科 ★ **大小**：最大 1 米左右 ★ **分布**：日本、东南亚等地

超发火

『燃』而后『生』

桉树 植物

在英国，桉树油是作为药品来使用的。天气炎热时挥发量大

据说种桉树种子的时候，要先用锅炒，之后才能种。这是因为桉树含有一种特殊性质，它的果实被火烧过后，里面的种子才容易发芽。山火过后，周围没了相互竞争的植物，灰烬还会把土壤改良成更适合桉树生长的碱性土壤。高温干燥的澳大利亚山火多发，而桉树这种适应环境的进化实在令人惊叹。

而且，桉树还含有很多具有挥发性的油，一个火星就能迅速燎原。因此，虽然并不是桉树自己点的火，但它的确能助长火势，因此还真是有点坏。可无论如何，桉树作为树袋熊的食物来源还是很有名的。但频发的火灾，可真让人为树袋熊担心呢。

★ 分类：桃金娘目桃金娘科 ★ 大小：最大 70 米 ★ 分布：澳大利亚

红色的分身

石蒜 植物

秋天开花之后会一度枯萎，冬春季则会再度枝繁叶茂

秋天时，在水田田埂或河堤上，常常会开满红色的石蒜花。在日本东北以南的地区经常能看到大片的石蒜群落，殊不知，石蒜竟没有种子。石蒜并不是靠种子，而是靠球根分裂来繁殖的。

不过，石蒜的球根并未被四处运送，却照样能遍布日本，真是不可思议。对此人们有各种说法。有人说，石蒜的球根不仅有毒，而且气味冲，因此被作为防鼠或防鼹鼠的物资传播到各地。当然，也可能是增生的球根脱落后四处滚动，或是被洪水冲走等原因被散播到了别处。

石蒜的淀粉可以用作备荒食物，石蒜本身也可以入药，简直就是一种超级植物。不过，因为它的别名叫“死人花”或“幽灵花”，所以有时被人们厌恶，真是可怜。

★ **分类**：百合目石蒜科　★ **大小**：30~50 厘米　★ **分布**：日本、中国、朝鲜半岛等

风啊，吹我吧！

风滚草 植物

有时候大量汇集，会让汽车抛锚，还会将房屋埋没，还真是一种麻烦的东西

在美国西部电影中总能看见一种草，被大风吹着四处滚动，这是一种叫“风滚草”的植物。人们常常以为那只是一团被风吹得团团转的枯草而已，殊不知，这却是风滚草扩大分布范围的一种巧妙战略。

本来，风滚草跟其他植物一样，也是一种在地面生长的植物。可是等大量的果实成熟，草茎干燥之后，整个植株就会被风从根部折断，开始滚动。它们一面随风进行数公里的移动，一面播撒着数万至30多万颗的种子。之后，无论旱地还是湿地，无论酸性还是碱性土壤，风滚草都会毫不在乎地安住下来。哪怕只有一点水，风滚草的种子都会迅速萌芽，茁壮成长。虽然是美国的代表性植物，可事实上，它却是来自俄罗斯的外来物种。有点意外吧？

★ 分类：中央种子目藜科　大小：——　★ 分布：美国、欧亚大陆

强运的流浪汉

曲角短翅芫菁 昆虫

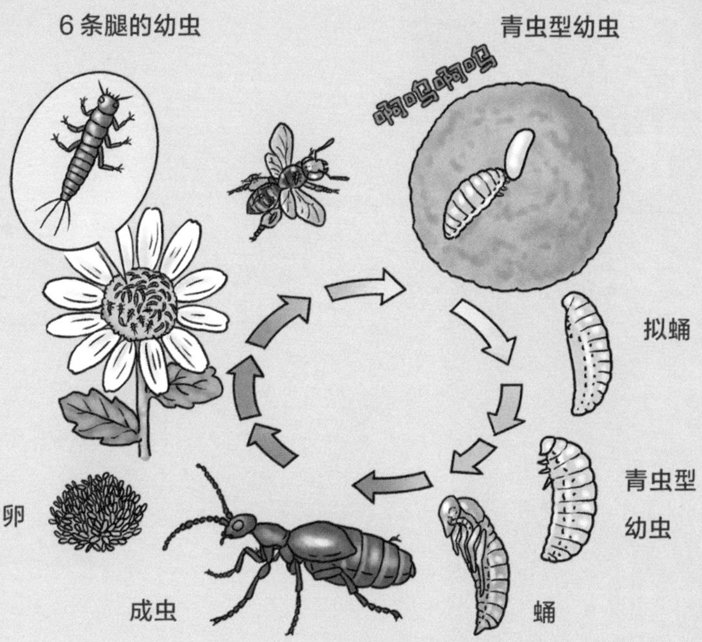

曲角短翅芫菁刚进入蜂巢时会变成青虫型幼虫，然后变成被称为“拟蛹”的蛹，在成长阶段中不断变化，可谓是一种“超变态”昆虫

曲角短翅芫菁（yuán jīng）是寄生在花蜂身上的一种昆虫。从被产在泥土中的卵孵化后，幼虫会立刻用 6 条长腿爬到蓟（jì）菜等植物的花朵上。一旦有花蜂路过，它就立刻抱住花蜂的腿跟到蜂巢。花蜂产卵后它就跳到蜂卵上，以花蜂的卵和幼虫以及采集的花粉或花蜜为食，逐渐长大变成成虫。

曲角短翅芫菁幼虫爬上的地方有时不一定有花朵，就算有花也不能保证一定会有花蜂来。可别的昆虫它又无法寄生。它的幼年时代是需要努力和运气的。当跳到雄蜂身上的时候，它必须要趁雄蜂交尾之际再转移到雌蜂身上。因此，有很多幼虫是无法成年的。不过，曲角短翅芫菁采用的是以量取胜的生存方式，它一次能产 4000 多颗卵呢。

★ **分类**：鞘翅目芫菁科　**大小**：12~30 毫米　★ **分布**：日本北海道、本州、四国

侵略者梦游仙境

日本巢穴蚜蝇　昆虫

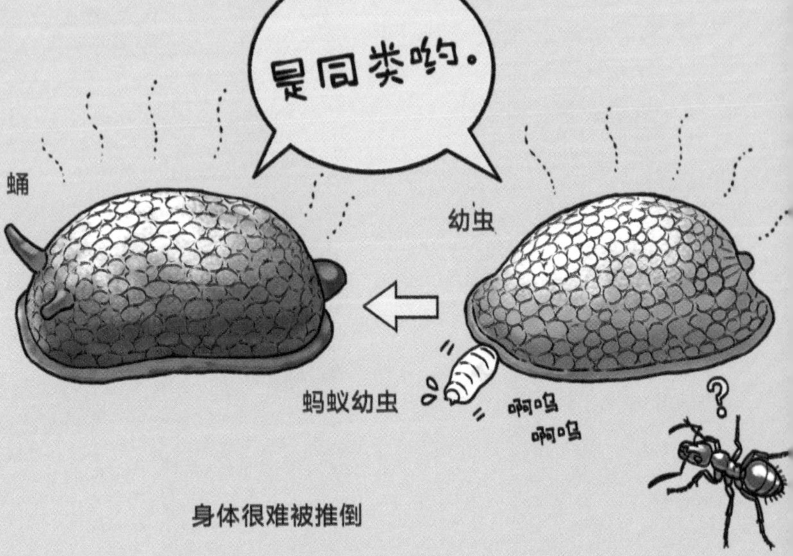

身体很难被推倒

日本巢穴蚜蝇拥有一个像《爱丽丝梦游仙境》中的主人公爱丽丝一样的洞穴，也很可爱。故事中的爱丽丝为追赶兔子掉进了洞中，而日本巢穴蚜蝇的幼虫也同样住在洞穴中。幼虫住的洞穴是蚁巢，故名“巢穴蚜蝇”。不过，与其说它外形可爱，不如说像一个倒扣的碗一样奇怪呢，就连蛹的形状也同样很奇怪。

蚁巢里怎么会有日本巢穴蚜蝇的幼虫呢？蚂蚁可是一种强大的昆虫，很少有东西敢攻击蚂蚁，尤其是在地下的洞穴，还有负责防卫的工蚁来把守，是十分安全的。而且，如果发现有入侵者正在吞食蚂蚁的幼虫，蚂蚁们能答应吗？

★ 分类：双翅目食蚜蝇科　　大小：体长 12~14 毫米

发现成虫的蚂蚁一下变得具有攻击性

为了守卫巢穴，蚂蚁向来对外部入侵者极具攻击性，那么它们为什么还要在自己家里放这么一个麻烦的食客呢？原来，日本巢穴蚜蝇的幼虫能够释放一种表示“我是蚂蚁同类”的物质。像这种寄生在蚁巢里的昆虫被叫作“好蚁性昆虫”。

可是，机灵鬼也有狼狈的时候。日本巢穴蚜蝇的蛹在蚁巢中羽化成成虫后，就必须得离开蚁巢了。由于成虫无法释放欺骗蚂蚁的物质，因此，在蚁巢羽化后，它必须以冲刺的速度逃离蚁巢，否则会立刻遭到蚂蚁攻击。对蚂蚁来说，这就好比家里突然出现了一个陌生大叔一样，一定会被吓一跳吧。

★ **分布**：日本本州、四国、九州

水边的死刑台

铁线虫

无脊椎动物

有研究认为，死在水中的昆虫会成为鱼的食物，支持着鱼的生活

铁线虫体形细长，喜欢盘在池塘沼泽的水底。不过我们却能时常看到其从螳螂的肛门中出来的情形。那么，这种水中的生物是如何寄生到陆生昆虫的身体里的呢？

首先，从卵里孵化出来的铁线虫幼虫被蜉蝣(fú yóu)或蜻蜓幼虫（水虿(chài)）等水生昆虫吞食，进入它们的肚子里。不久，这些羽化的水生昆虫就来到陆地上，有可能会被螳螂等肉食昆虫捕食。铁线虫便是通过这种方式寄生进去的。在陆地昆虫的体内长大后，它们便向寄主的大脑发送某种物质，让其赶到水边并跳入水中，然后再从它们的尸体中出来。

对昆虫来说，这简直是一种恐怖的入侵者！不过铁线虫也有自己的可悲处——如果未被吃掉那就无法移动了。

★ 分类：铁线虫纲　★ 大小：10~30 厘米　★ 分布：世界分布广泛

4天的宝宝

冠海豹

哺乳类

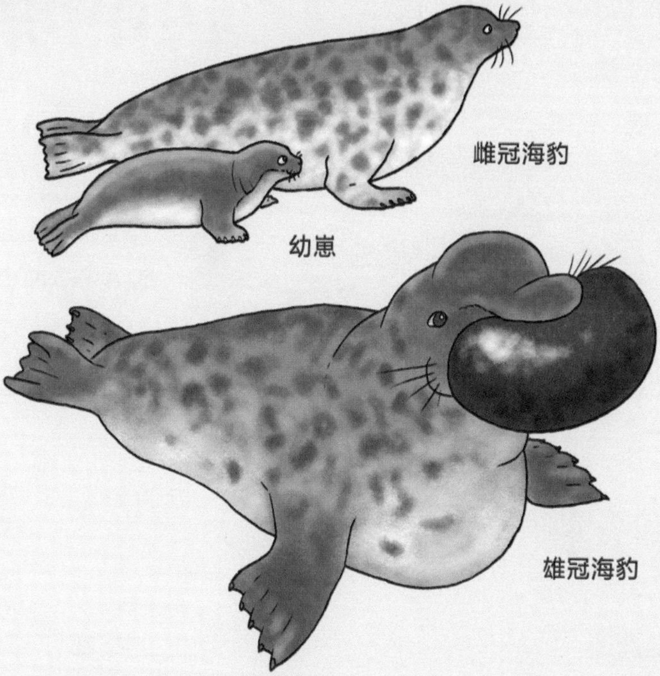

雄冠海豹有黑色和红色两种“气球”。若黑“气球”不足以展示自己，便拿出红“气球”

冠海豹是一种大型海豹。雄冠海豹能将鼻子膨胀得像气球一样，就像在头上戴了一顶帽子，这种海豹因此得名。雄冠海豹之间会凭借这“气球”的大小来比较优劣，向雌冠海豹展示自己。

冠海豹给宝宝喂奶的时间是动物中最短的。人类的哺乳时间差不多为1年，非洲草原象则是2~3年，而冠海豹却只有4天。在此期间，宝宝会由最初的20公斤左右迅速成长到30~40公斤。因此，宝宝不大容易因为生长周期太长被天敌虎鲸或北极熊盯上。当然，妈妈的体重会因而骤减，迅速消瘦。由于冠海豹母乳的成分主要是脂肪，因此若是人类的话，或许还会为自己的成功减肥而高兴呢。

★ 分类：食肉目海豹科 ★ 大小：2.1~2.4米 ★ 分布：北冰洋、北大西洋

为了留下自己的遗传基因，一定要得到异性青睐！雄性们的竞争！

你确定不是在硬撑吗？

受欢迎的骄傲体形

用獠牙吸引异性！

毛鹿豚

毛鹿豚的獠牙越威武越受欢迎！不过，听说獠牙是直接刺穿上颚的皮肤长出来的，看着好疼哦！

驼鹿

雄鹿拥有威武的角。两角间最大宽度可达 205 厘米！角很坚固，里面是实心的骨头，有的重达近 20 公斤。看着好重哦！

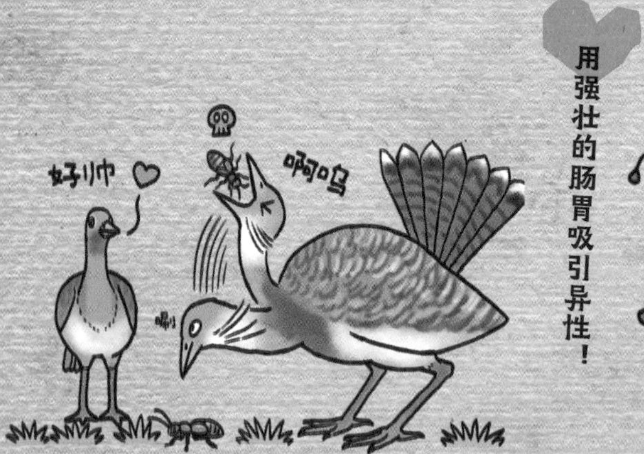

用强壮的肠胃吸引异性！
好帅
啊呜

已经分不开了！

大鸨（bǎo）

雄性大鸨为了向雌性展示自己的强大内脏，甚至会当着雌性的面吃有毒的芫菁。别硬撑了！

角鮟鱇

雄鱼会咬住雌鱼身体，最后化为一体，然后只进行生殖。

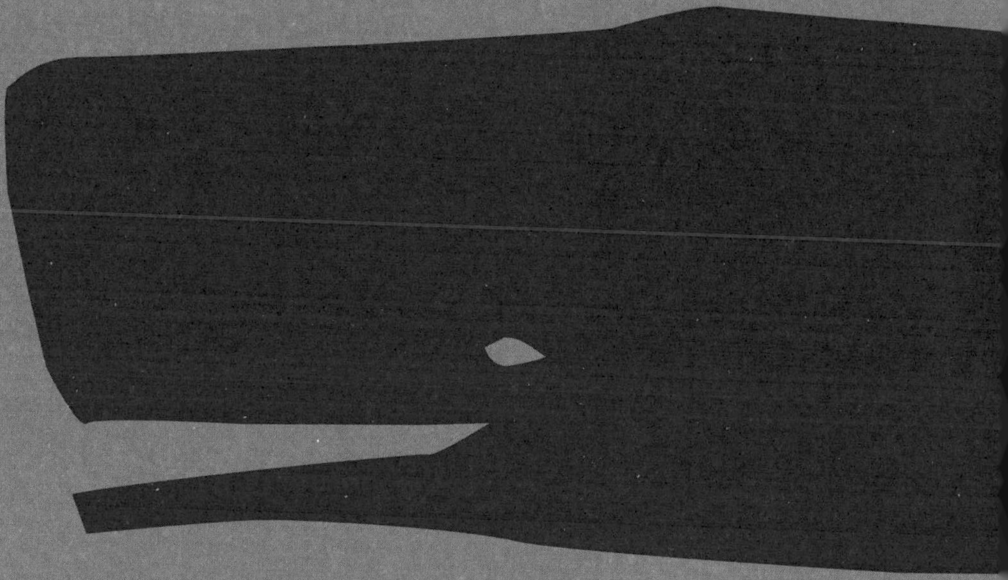

第六章

让人惊叹的生活方式

在生存这件事上
生存本身就是超能力！

从我们人类的角度来看，有些生物的生存方式会让我们感到十分吃惊和意外。

候鸟中迁徙距离最长的北极燕鸥，它们从春天到夏天都在北极圈，冬天（南半球的夏天）则在南极圈生活。由于并不是直线飞行迁徙，因此，它们 1 年的移动距离可达 8 万公里，相当于绕地球 2 周！体长仅 30 厘米多一点的小鸟，每年要移动这么长的距离，的确令人惊叹。不过它们的迁徙原因仍不清楚。真想跟它们说一句:“途中肯定也有温暖宜居的地方啊！为什么偏要飞往南极？”

“我也不清楚哦，听说是爷爷做出的决定呢。”——差不多就是在这样的一种规则下，它们每年都在进行着这样的盛会。

也有一些生物，看上去仿佛丢失了什么似的。树懒每天的进食量超小，只有 8 克，1 天中有 20 小时都在熟睡。它们的身上几乎没有肌肉，活动时动作也超缓慢，大便 1 周 1 次，代谢很低，体温会随气温变化。由于过着这样的生活，它们的身上甚至生了苔藓，这样反倒可以轻松地取食苔藓了……它们是如此平静如此安详的一种动物。不过它们也绝非没有天敌，据说树懒经常会被美洲角雕猎食。这样也能生存下来，真令人感叹。在漫长的生命进化过程中没有灭绝而活到现在，树懒无疑已是胜者，可以说是拥有超能力了。

虽然人类无法理解，不过，生物的生存方式中的确隐藏着在进化过程中被选择下来的生存能力！

超诱导

请吃蜜

黑喉响蜜䴕

鸟类

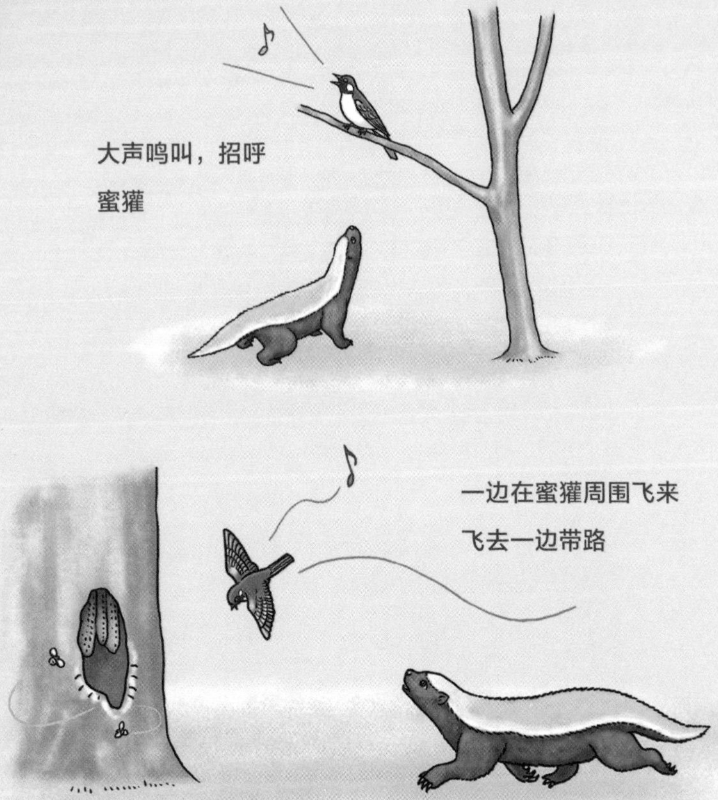

大声鸣叫，招呼蜜獾
一边在蜜獾周围飞来飞去一边带路

黑喉响蜜䴕(liè)是一种喜欢吃蜜蜂的蜂蜜和蜂蜡的鸟，也喜食蜂巢中的幼虫、蜂卵、蜂蛹等。可是，由于蜂巢在树洞的深处或地下，黑喉响蜜䴕的短嘴巴是够不到的。于是，它们就去寻找能帮自己捣毁蜂巢的伙伴，以得到些残羹(gēng)冷炙(zhì)。

那些同样喜欢蜂蜜，又不怕蜜蜂的强有力动物，比如蜜獾（→第36页）就成了黑喉响蜜䴕的合作伙伴。蜜獾是大型鼬(yòu)科动物，拥有厚厚的皮肤和大爪子，英勇无畏。正如其英语名字“honey badger”，它们十分喜欢蜂蜜。

黑喉响蜜䴕会在蜜獾周围飞来飞去，高声鸣叫“蜂巢就在那边哦”，

★ **分类**：䴕形目响蜜䴕科 ★ **大小**：20厘米 ★ **分布**：非洲中部、南部

蜜獾毫不畏惧地袭击蜂巢时，黑喉响蜜鴷一直在一旁等待

捡拾残渣剩饭

来诱导蜜獾。

蜜獾也心知肚明，会跟着黑喉响蜜鴷，满不在乎地捣毁蜂巢。黑喉响蜜鴷自然会得到些残渣剩饭。不过从蜜蜂的角度看，简直是“是可忍孰不可忍”。

此外，黑喉响蜜鴷有时也会寻求人类的协助。据说，肯尼亚就有一种人，想要蜂蜜的时候就会发出某种叫声，直接将黑喉响蜜鴷招来。

黑喉响蜜鴷获取食物时会借助其他动物之手，育儿也是如此。它会将自己的卵产在其他鸟的巢里，自己根本不养育孩子，完全采取“托卵”的方式。真把委托其他动物的能力发挥到了极致。

半永久飞行机器

白腰雨燕　鸟类

4 根脚趾都朝前支撑。停在岩壁上时，需要用爪子钩住，用尾羽支撑

白腰雨燕，虽然名字中也有个“燕”字，可是跟在城市里筑巢的燕子只是远亲。也许是因为彼此都过着高速飞行的生活，才形成类似的长相吧。这种现象叫作“趋同”。

白腰雨燕的空中生活比燕子更专业。它们在空中睡觉，在空中进食，在空中交尾，还会在掠过湖面时喝水、洗澡。白腰雨燕育雏是在岩壁上的巢内进行的。燕巢是用它们飞行时收集的羽毛、枯草等材料，用唾液搅拌后建造的。

然而，它们腿脚十分短小，再加上长时间的空中飞行，导致其根本无法走路。由于白腰雨燕翅膀坚硬，即使拍打翅膀也很难像其他鸟类一样从地上飞起来，因此，它们一旦降落到地面就无法起飞了。这种高傲真让人受不了！

★ 分类：雨燕目雨燕科　★ 大小：20 厘米　★ 分布：俄罗斯、亚洲部分地区

深夜的妖怪

普通林鸱

鸟类

其实，夜鹰目是雨燕的近亲

林鸱是夜行性鸟类，由于白天时会停在树林中竖立的树枝上而得名。林鸱的羽毛乍一看像破旧的树皮，倘若竖停在树上，把身体收缩得细窄些，睡觉时嘴巴再朝上，看上去活像一段折断的树枝。

夜间，当停在树枝上的林鸱发现昆虫等猎物后，就会飞起捕捉。它巨大的眼睛能收集光线，即使在黑暗中也能很好地发现猎物，用网一样的嘴巴来捕捉昆虫。一旦受惊，它就会张大嘴巴，瞪大巨眼来恫吓对手。

如果白天将其叫醒，或是用光去照它，它的黑眼珠就会变小，黄眼珠会变大，让它的脸变得很怪异。当然，对它们来说在睡觉的时候被叫醒这种事，完全是件烦心事……

★ **分类**：夜鹰目林鸱科 ★ **大小**：38 厘米 ★ **分布**：非洲中部、南部

超贮食

嘴巴机关枪

橡树啄木鸟

鸟类

看到相似的东西密密麻麻地聚集在一起，
都快让人得“密集恐惧症”了

橡树啄木鸟是一类很奇特的鸟，它们不仅吃昆虫，还吃橡子，而且还会在枯树上凿无数的洞，每个洞塞进一个橡果，留到食物匮(kuì)乏的季节或育雏的季节吃。

如果橡子干燥变小，它们还会进行维护，把橡子重新塞到小点的树洞。它们还会努力驱赶前来偷橡子的松鼠或松鸦。看来，保护财产的任务并不轻松啊。

橡树啄木鸟会成群地宣示领地。由于每只啄木鸟都会努力储藏橡子，据说，多的时候一棵树上能被它们凿出 5 万个洞。如果没有枯树，橡树啄木鸟也会在电线杆或木房子上打洞。倘若新建的房子被它们凿满了洞，那肯定是惨不忍睹啊。

★ 分类：䴕形目啄木鸟科 ★ 大小：20 厘米 ★ 分布：北美洲、中美洲

自立的爪

麝雉

鸟类

鉴于幼鸟的翅膀上有爪，于是有人说麝雉是始祖鸟的后代，其实两者之间毫无关系

麝雉（shè zhì）只在幼鸟时期翅膀上才会长爪，因此，如果用日文汉字写出来，其名字就是“爪羽鸡”。由于鸟类的翅膀是由恐龙的前肢进化而来，因此，远古时期的鸟类都曾有过爪和指，现在则已退化。

麝雉的巢一般建在伸向河面的树枝上。如果猴子等天敌来偷袭雏鸟，母鸟只在开始时做一些护巢的努力，不久后就会逃走。不过，雏鸟从巢里掉下来落到河面上后，会自行游上岸，然后用自己的爪爬上树，返回巢内。

同强壮的雏鸟相比，成鸟却连飞都飞不好。这一点实在令人感到奇怪。不过，麝雉的肉闻起来像牛粪一样刺鼻，因此它们很少会被捕食。

★ 分类：麝雉目麝雉科 ★ 大小：60 厘米 ★ 分布：南美洲中部

安全的超特快列车

游隼

鸟类

捕猎鹎（bēi）或野鸭等目标，迁徙中的鸟类也是合适的猎物

游隼（sǔn）会在岩石、树木或铁塔等高处瞭望，发现捕猎目标——鸟后起飞，然后急速上升，再从高空突然急速下降，用锋利的爪子将猎物直接抓起或踢倒后再捕捉。

据说游隼的飞行时速可达 100 公里，急速下降的时速甚至会超过 300 公里，跟高铁速度一样快。这时候一旦有灰尘进入眼睛将是致命的。不过，它们会以眨第 3 层眼皮——“瞬膜”的方式来保护眼睛。而且，游隼鼻孔中也有一种有助于保持呼吸的突起，因此，呼吸方面也没问题。

游隼是一种狩猎能力超强的猛禽，不过最近的 DNA 研究显示，其与鹦鹉竟是近亲。原以为游隼很有“鹰”的气质，没想到竟是鹦鹉的近亲，这可真让人意外！

★ 分类：隼形目隼科　大小：♂ 38 厘米 ♀ 51 厘米　★ 分布：除南极以外的其他地区

沙漠中的奇想天外

百岁兰 植物

在日本，百岁兰又名“奇想天外”。最大的植株高可达 1.2 米，直径可达 8.7 米

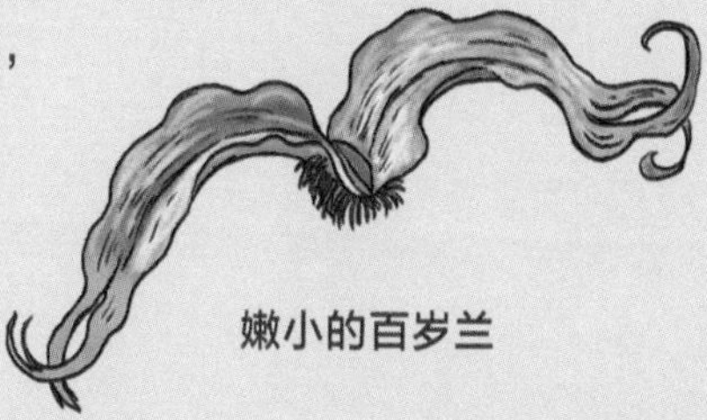

嫩小的百岁兰

百岁兰是一种生长在沙漠中的植物。虽然看着有很多叶子，可这只是表面现象，实际上它只有 2 片叶子。最初的百岁兰的叶子不断伸长，并逐渐开裂，于是才产生了这种假象。其大叶子的长度可达 9 米，宽可达 2 米。百岁兰的生长十分缓慢，据说寿命有 400~500 年，有的甚至能达到 2000 年。它们的形状似乎从 2 亿年前的侏罗纪起就没有多大变化。

沙漠地区很少降雨，百岁兰是从海边飘来的雾气或地下水脉中获取水分的。因此，它的根能扎到地下 10 米深的地方。

可是，最近据说有些百岁兰的嫩株生长到一定程度后，因为根部仍扎不到深埋地下的水脉而最终枯死。虽说是嫩株，但其实也活了有 50 年左右了。

★ 分类：百岁兰目百岁兰科　大小：最大直径 8.7 米　★ 分布：安哥拉、纳米比亚

黑色的化装名人

日本蚁蛛 昆虫

由于雄蚁蛛的颚太大，弄得自己不太像蚂蚁，真遗憾

或许你会在一些矮树的下面看到一些蚂蚁，但又觉得形状有点不对劲。那么，这很可能就是一种跟蚂蚁非常相似的蜘蛛——日本蚁蛛了。

一般认为，蚁蛛之所以拟态成蚂蚁的样子，是为了护身。因为蚂蚁拥有大颚和针刺，还有一种武器叫“蚁酸”，有些种类还有毒，可进行集体攻击，绝对是一种不可小视的动物。以前曾有人认为，蚁蛛会吃掉靠近它的蚂蚁，但现在这种说法已被否定。

有趣的是蚁蛛的腿的数量。蜘蛛有 8 条腿，蚂蚁有 6 条腿，可日本蚁蛛却能把前面的 2 条腿伪装成触角，隐藏这种差别。不过，蚁蛛毕竟是跳蛛的同类，有时也会忽然跳起来，或者拉丝悬挂。好不容易伪装成了蚂蚁，结果一下又白费力气了。

★ 分类：蜘蛛目跳蛛科 ★ 大小：7~10 毫米 ★ 分布：日本本州

绢的补偿

蚕蛾

昆虫

人类饲养蚕，蚕为人类提供蚕丝

丝绸的原料是蚕蛾的幼虫——蚕化蛹时的茧。其保湿性、吸湿性、通气性优良，质地轻柔，手感好，是一种很受欢迎的衣料。

由于这种丝线是动物制造的，因此是蛋白质质地。蚕丝是一种超级纤维，跟人类身体的适应性好，因此也被应用于人工血管或化妆品。

蚕与人类的关系也很古老，中国早在5000~6000年前就已开始饲养蚕，日本也在大约2200年前引进养蚕技术。不过，由于饲养的历史太久，现在，蚕在野生状态下已无法生存。其白色的形体极易被天敌发现，幼虫的脚也已失去了抓握枝叶的能力，连成虫都退化得有翅膀却不会飞了。蚕白胖可爱的样子深得人们喜爱，真希望大家都来爱惜它。

★ **分类**：鳞翅目蚕蛾科 ★ **大小**：17~20毫米 ★ **分布**：中国、日本

怪鸟风林火山

鲸头鹳

鸟类

通过啪嗒啪嗒互碰嘴巴或者鞠躬进行交流

因为不喜欢动，鲸头鹳(guàn)常被人怀疑“是不是死的”或“是不是假的”。其实，它不动是有理由的。

鲸头鹳所生活的沼泽地带有一种呼吸空气的鱼叫肺鱼，鲸头鹳十分喜欢吃这种鱼。肺鱼偶尔会到水面呼吸，鲸头鹳就静静地、一动不动地等它们出来。尽管等待的时间很长，但这种方法对付这种猎物却很有效。

在非洲的大热天里静静等待着实辛苦，不过，对于一些路过的生物，诸如蛇、小鳄鱼、青蛙、尼罗河巨蜥等，它也会来者不拒。

尽管站姿像仙人一样，可当猎物很大的时候，它也会弄出很大动静。鲸头鹳虽然性格坚强，不过距离成为仙人还有很大差距哦。

★ 分类：鹳形目鲸头鹳科　大小：152 厘米　★ 分布：非洲中部

子弹潜水员

褐鲣鸟

鸟类

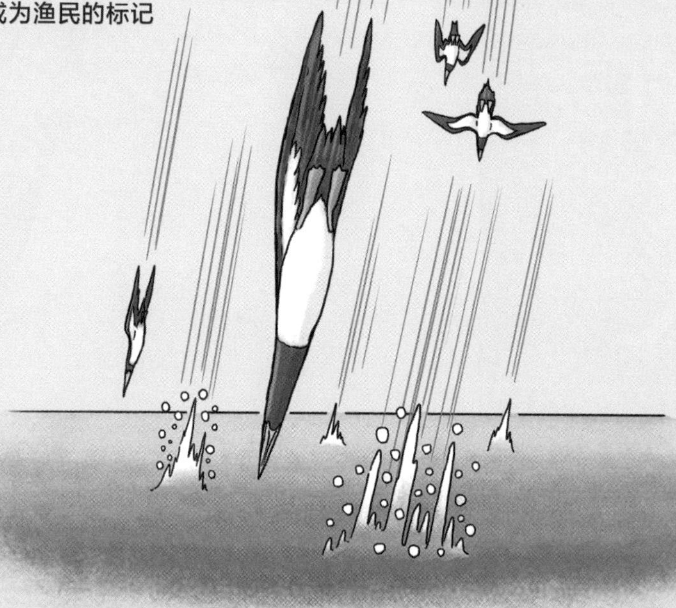

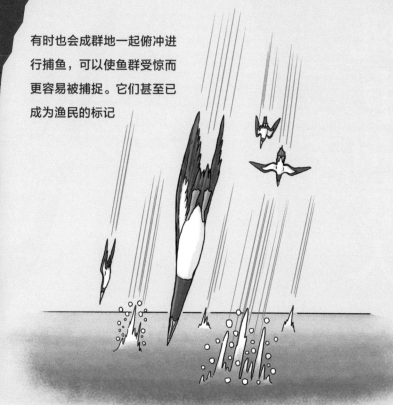

有时也会成群地一起俯冲进行捕鱼，可以使鱼群受惊而更容易被捕捉。它们甚至已成为渔民的标记

大型海鸟褐鲣(jiān)鸟生活在温暖海域。其在陆地上生活仅限于在海岛繁殖的时候，除此以外的时间都在海上。

褐鲣鸟会边飞边寻找鱼或者乌贼等猎物，发现猎物后会从 10~30 米的高空急速下降，像子弹一样射入水中，用带有锯齿的尖嘴捕猎。由于从褐鲣鸟嘴巴到头部过渡的线条很平顺，其冲入海中时所受冲击也很小。人类跳入水中时水会灌进鼻子，可褐鲣鸟却没有鼻孔，根本不用担心这一点。褐鲣鸟的呼吸是通过嘴巴根部的可开闭式缝隙进行的。

不过，褐鲣鸟在地上走路时却东倒西歪，极易被捉到。因此，它们有一个可怜的英语名字“booby”，翻译过来就是“笨蛋”。

★ 分类：鹈(tí)形目鲣鸟科 ★ 大小：73 厘米 ★ 分布：从温带到热带

超滑翔

风中的旅人

漂泊信天翁

鸟类

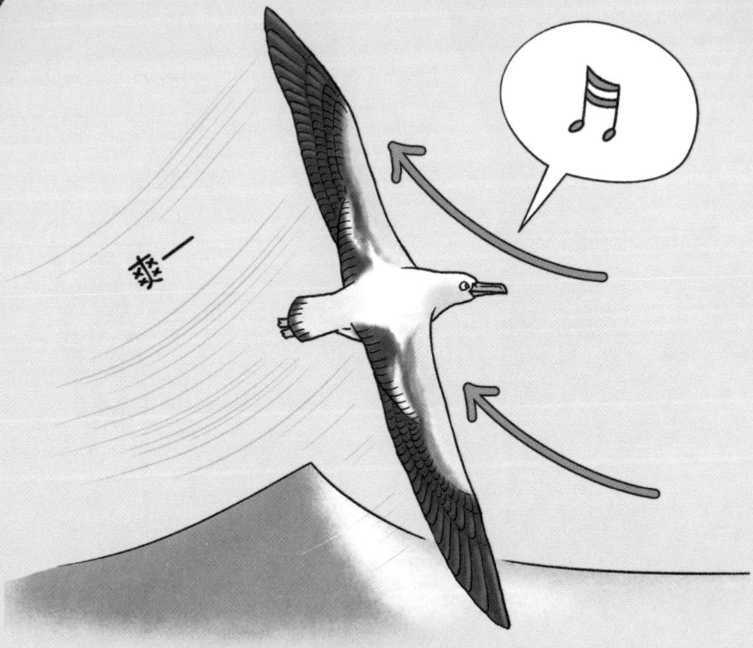

从海上起飞时，也利用上升气流

漂泊信天翁是世界上翼展最长的鸟，最长纪录是 3.63 米。

在风的作用下，巨大的翅膀能让漂泊信天翁超过 10 公斤重的身体浮起来。然后，它们进一步利用风力，乘上升气流升到高空，从上风处往下风处飞行。这种飞行方式巧妙利用风力，不大使用肌肉，是一种十分省力的飞行方式。

漂泊信天翁的飞行能力甚至能达到 12 天飞 6000 公里的程度，1 天约 500 公里。可遗憾的是，由于翅膀拍打能力差，它们无法越过赤道上的无风地带。因此，我们只能在南半球看到这种鸟。倘若受风暴影响来到了北半球，它们恐怕就再也回不去了。

★ **分类**：鹱(hù)形目信天翁科 ★ **大小**：115 厘米 ★ **分布**：南半球

返老还童的秘法

灯塔水母 刺胞动物

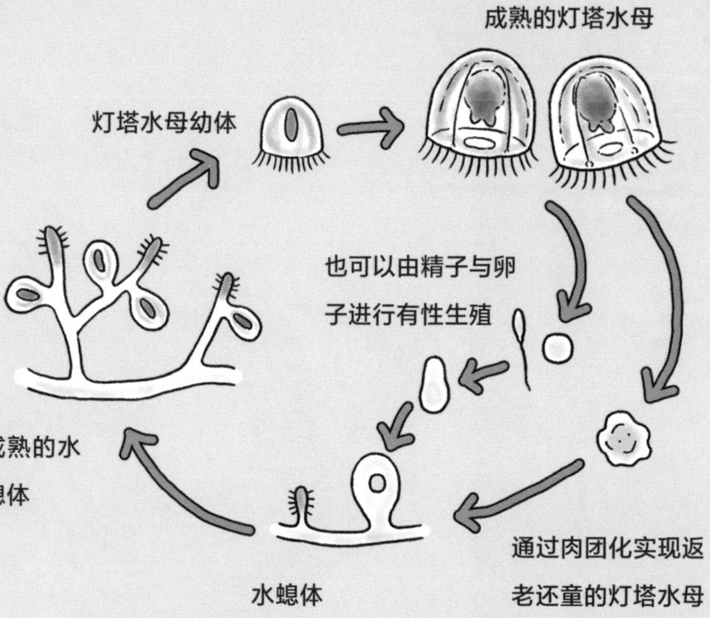

一般情况下，细胞越活越衰弱。灯塔水母返老还童的构造仍是个谜

说到长生不老，大家印象中一般都是人类在深山修炼成仙。那么，长生不老是否真的存在呢？实际上，现实中还真有一种生物能够长生不老，它就是“灯塔水母”。

一般水母的一生要经历这几个阶段：首先从附着在海底的水螅体状态发芽，然后脱落下来在水中漂游，最后完成生殖后死去。

可是，灯塔水母却有点不同。快要死的时候，它们能将形体缩小，变成团状，让自己再次回到水螅体状态。如此反复循环，灯塔水母就能实现不死，让返老还童和繁殖不断循环。这绝对是“长生不老”！

当然，如果被吃掉就完了。而且，灯塔水母的“复活”还会受到海水状态的影响，因此，长生不老也不是件容易事。

★ **分类**：花水母目棒螅水母科 ★ **大小**：4~10 毫米 ★ **分布**：全球各大海域

超智能

章鱼博士

普通章鱼

软体动物

即使在水族馆，它们也能巧妙地打开水槽的盖子，因此要多加注意

海洋生物中最聪明的是谁？倘若有人问起这个问题，我想答案应该是章鱼吧。章鱼的脑很发达，8 条腕中还各有一个神经核团，仿佛用 9 个脑来控制身体。

如果我们把一个装有食物的瓶子交给饲养的章鱼，它能很快扭开瓶盖吃掉食物。因此也有人说，人类灭亡后统治世界的将会是章鱼。

虽然是大海中很厉害的智商派动物，但是章鱼也有神经质的地方。听渔民说，捕捞章鱼时，脏的陶罐章鱼是绝不会进的；另外，如果使用金属罐子，章鱼也会心情不好，口感变差。另外，章鱼的抗压能力也差，倘若水槽里的章鱼放得过多，它们有时就会咬断自己的腕然后死掉。也许，脑发达了，内心就会变得敏感吧。

★ **分类**：八腕目章鱼科 ★ **大小**：50~60 厘米 ★ **分布**：温带、热带

漫长的寿命

格陵兰睡鲨

鱼类

移动速度为 1 千米 / 小时，十分缓慢。由于要花很长时间才能成年，因此个体数量很少，濒临灭绝

格陵兰睡鲨是仅次于鲸鲨、姥鲨的大型鲨鱼，体长超过 5 米。格陵兰睡鲨的惊人之处不仅在于体形巨大，还有其超过 400 岁的寿命。如果一条格陵兰睡鲨现在是 400 岁，那么它出生的时间应该是在中国的明代了。在陆地动物中，加拉帕戈斯象龟的寿命是 175 岁，在水中寿命排第二位的弓头鲸也只有 211 岁。因此，格陵兰睡鲨的寿命遥遥领先，绝对是第一名。

可是，虽然长寿，这种鲨 1 年却才长 1 厘米左右，成长过程十分缓慢。而且，据说它们到 150 岁左右时体长才 4 米左右，才第一次生儿育女。少年阶段居然长达 150 年，若是人类的话，这叛逆期也实在是太长了吧。

★ 分类：角鲨目角鲨科 ★ 大小：超过 5 米 ★ 分布：北大西洋

超隐蔽

有毒的窗帘

眼斑海葵鱼

鱼类

也有人说，和眼斑海葵鱼一起生活的海葵长得快

眼斑海葵鱼将海葵有毒触手之间的空间作为住处。其天敌肉食鱼类由于害怕海葵触手而不敢靠近，因此眼斑海葵鱼便将海葵当成了自己的保镖。同时，眼斑海葵鱼也会吃海葵的寄生虫，或者保护海葵的触手不被其他鱼类吃掉等，所以两者是一种“共生关系”。

那么，眼斑海葵鱼会不会被毒到呢？根本不用担心。因为它表面的黏膜会解毒。不过，由于眼斑海葵鱼宝宝还不具备这种能力，有时也会被毒到。于是，眼斑海葵鱼的父母就会咬断海葵的触手，开辟出一处无毒区。虽说它们是共生关系，没想到竟也这么任性！不过，双方相处得倒还算融洽。

★ 分类：鲈形目雀鲷（diāo）科 ★ 大小：9 厘米 ★ 分布：西太平洋

外洋的流浪云

翻车鱼

鱼类

海鸟有时会停留在浮在海面的翻车鱼上。也有观点认为，是翻车鱼请它们清理寄生虫

翻车鱼常被作为傻呆鱼的代表。乍一看，翻车鱼一副随波逐流的样子，可它们竟然可以在600米深的深海区域活动，能在水面与深海之间自由往来。

人们通常认为翻车鱼以水母为主食，不过，它们也喜欢捕食乌贼和虾类等。没想到翻车鱼还是一种富有攻击性的鱼类呢，游泳能力还这么强。

有种传言说“翻车鱼容易死掉”，这其实是假的。人们通常见到的只不过是其侧身浮在海面的情形而已。有人说，翻车鱼这么做是想温暖一下在深海里冻得冰凉的身体。果真这样的话，也难怪会被误解了。

★ 分类：鲀形目翻车鲀科　★ 大小：3.3米　★ 分布：温带、热带

超潜航

脑内压舱物

抹香鲸　哺乳类

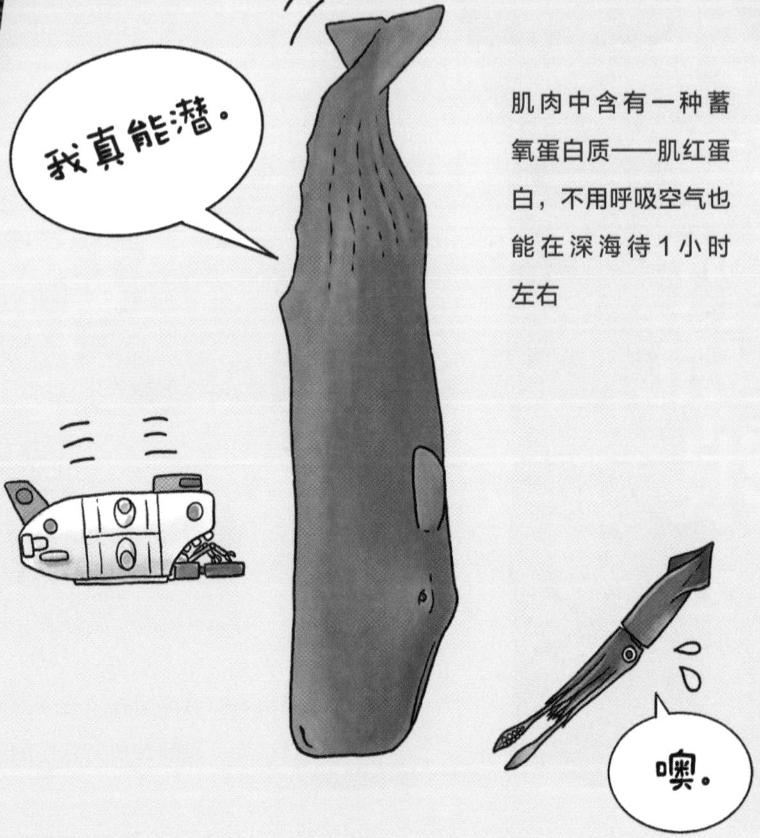

我真能潜。
肌肉中含有一种蓄氧蛋白质——肌红蛋白，不用呼吸空气也能在深海待1小时左右
噢。

抹香鲸最大的特征是又大又方的头占身体长度的1/3。头里面塞满由大量脂肪与蜡构成的“脑油”。鲸鱼依靠声波探测猎物或障碍物，或者跟同伴进行交流。脑油的作用就像透镜一样，能将声波集中到一点后发出去。抹香鲸多数时间都在深海生活，它们甚至还能钻到水下3200米的深处。往下潜水时，抹香鲸的脑油因遇冷密度会变小，体积也会减小并形成空腔，于是就可以让海水进入填补，使体重增大，这样就能够帮助它潜水了。

在1970年以前，抹香鲸的脑油一度成为制造蜡烛、肥皂、煤油、机油等的原料，因此大量抹香鲸遭捕捞，实在可悲。

★ 分类：鲸目抹香鲸科　★ 大小：11~18米　★ 分布：全世界的大洋

南极的裸潜王

帝企鹅 鸟类

在水中拍打坚硬的翅膀，游起来像飞一样
咻—

最大的企鹅——帝企鹅，即使在鸟类中也是“潜水皇帝”，保持着潜水深度 560 米、潜水时间 27 分钟的纪录。

帝企鹅拥有蓄氧细胞，血液也能输送大量的氧，因此能在体内灵活运用氧气。而且，它们还能关闭那些在水中无用的身体功能，降低心率，节约氧气。帝企鹅的骨骼也很坚硬，可以很好地应付水压。

到了繁殖期——冬天，它们会在距海边 50~150 公里的内陆冰原上筑巢。只有雄企鹅孵卵。雌企鹅产卵后会去海里寻找食物，大约 4 个月后才能返回，给雏鸟送食物。在此期间，雄企鹅处于绝食状态。只有等完成任务并交接后，雄企鹅才会赶往大海。据说，在赶往大海的途中有些雄企鹅会因耗尽力气而死。

★ **分类**：企鹅目企鹅科 ★ **大小**：120 厘米 ★ **分布**：南极周边

索引

A

B

噌噌
哞—!

J

K

L

M

N

P

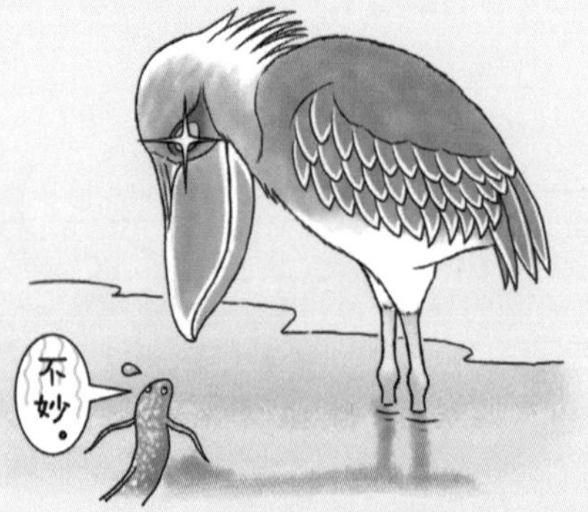

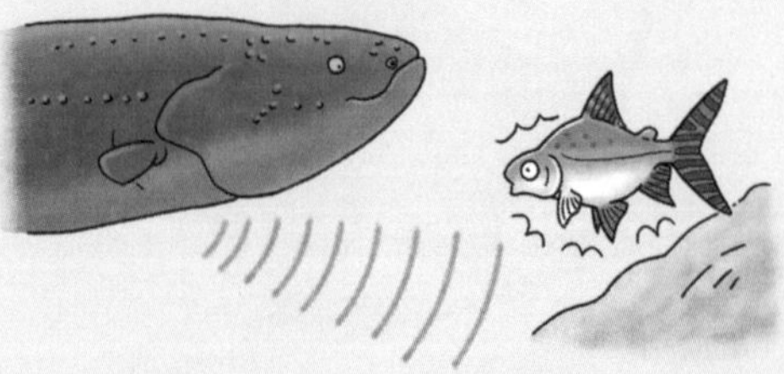

漂浮

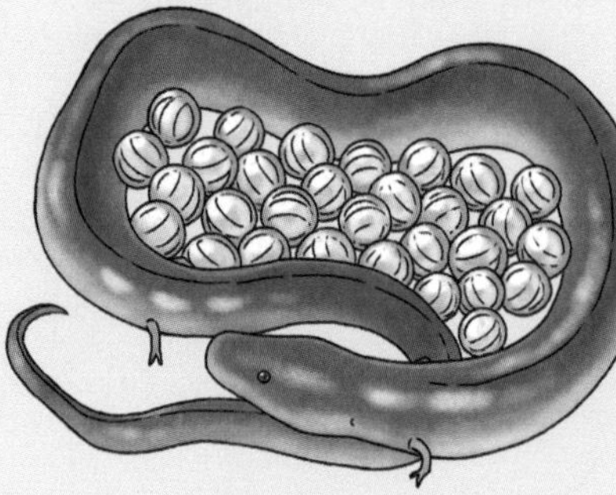

版权登记号　图字：19-2020-134号

IKIMONO GAKKARI CHONORYOKU ZUKAN
By Takayoshi KAWASHIMA, Fumihiko KOBORI

Original Japanese edition published by SHOGAKUKAN.
Chinese (in simplified characters) translation rights in China (excluding Hong Kong, Macao and Taiwan) arranged with SHOGAKUKAN through Shanghai Viz Communication Inc.

——

监修：今泉忠明
原版装帧设计：北村直子

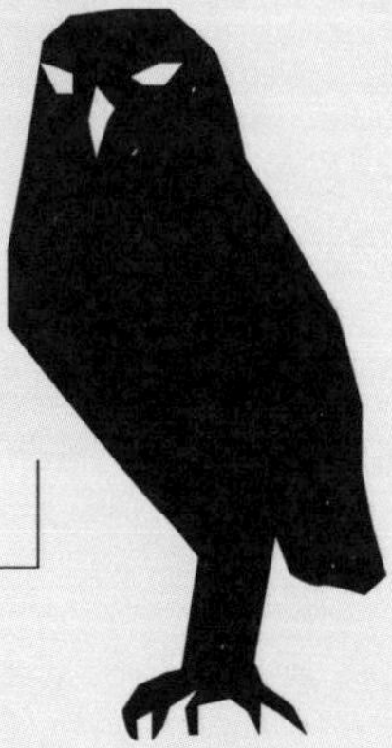

图书在版编目（CIP）数据

惊叹百科：生物让人意外的超能力 /（日）今泉忠明监修；（日）川岛隆义著；（日）小堀文彦绘；王维幸译. -- 深圳：海天出版社，2022.7
ISBN 978-7-5507-3036-6

Ⅰ. ①惊… Ⅱ. ①今… ②川… ③小… ④王… Ⅲ. ①动物－普及读物 Ⅳ. ① Q95-49

中国版本图书馆 CIP 数据核字（2020）第 204552 号

惊叹百科：生物让人意外的超能力
JINGTAN BAIKE : SHENGWU RANG REN YIWAI DE CHAONENGLI

出 品 人　聂雄前
责任编辑　何廷俊　陈少扬
责任技编　陈洁霞
责任校对　万妮霞
装帧设计　童研社

出版发行　海天出版社
地　　址　深圳市彩田南路海天综合大厦（518033）
网　　址　www.htph.com.cn
订购电话　0755-83460239（邮购、团购）
设计制作　深圳市度桥制本设计有限公司
印　　刷　深圳市新联美术印刷有限公司
开　　本　787mm×1092mm　1/16
印　　张　10
字　　数　133 千
印　　数　1—4000 册
版　　次　2022 年 7 月第 1 版
印　　次　2022 年 7 月第 1 次
定　　价　48.00 元
